本书受
教育部人文社科基金青年项目（项目编号：13YJC630219）
国家自然科学基金青年项目（项目批准号：71402175）
上海市"科技创新行动计划"软科学研究重点项目（项目编号：17692100200）
资助

Research on Patent Behavior and
Patent Strategy of Chinese Enterprises

中国企业专利行为与专利战略研究

▶ 张古鹏 ／ 著

科学出版社
北　京

图书在版编目(CIP)数据

中国企业专利行为与专利战略研究 / 张古鹏著. —北京：科学出版社，2018.4
　ISBN 978-7-03-057023-9

　Ⅰ. ①中… Ⅱ. ①张… Ⅲ. ①企业管理-专利-研究-中国 Ⅳ. ①G306.3②F279.23

　中国版本图书馆 CIP 数据核字（2018）第055198号

责任编辑：刘　溪　邹　聪　刘巧巧 / 责任校对：邹慧卿
责任印制：张欣秀 / 封面设计：有道文化
编辑部电话：010-64035853
E-mail:houjunlin@mail.sciencep.com

*科学出版社*出版
北京东黄城根北街16号
邮政编码：100717
http://www.sciencep.com

北京虎彩文化传播有限公司 印刷
科学出版社发行　各地新华书店经销
*

2018年4月第　一　版　　开本：720×1000　B5
2019年2月第二次印刷　　印张：13 1/8
字数：182 000
定价：75.00元
（如有印装质量问题，我社负责调换）

前言

专利，对于中国人来说是个既熟悉又陌生的东西。说熟悉，是因为专利作为技术最有效、最常用的法律保护手段之一在现代社会已经司空见惯，大部分中国人对专利及其用途都耳熟能详。专利作为保护知识产权的有力手段，已被国内企业、高等院校和研究院所广泛申请和利用。但说它陌生，是因为专利似乎并不十分符合中国传统的行事风格，因为在中华传统文明的宝库中几乎从来没有对"科学"与"技术"的含义做过详细的阐述，甚至与之相关的概念也极为少见。因此，也就不难理解，为什么几千年以来国人在中华传统文明的框架里始终未找到一套保护技术发明的行之有效的办法。尽管过去出现了诸多被古代人甚至是被现代人认为十分先进且十分重要的技术，诸如让国人引以为豪的四大发明，以及一些先进的金属冶炼技术、尸体保存技术等，但这些宝贵的技术或未继之以深入研究，或早已失传，这对中华文明来说无疑为一个非常巨大的损失。大量先进技术失传，一个重要原因是古代频繁的战乱纷争、屡见不鲜的焚书坑儒等，另一个重要原因也不容忽视，即中国古代社会的上层建筑并不具备知识产权的思想与意识。但是，这并不代表技艺高超的民间技人也缺乏知识产权保护意识，他们深深知晓并领会"教会徒弟，饿死师傅"的道理。因此，当一位试图记录并改进其技艺的技人面对的是一个对待知识产权非理性，甚至根本就无此意识的社会时，他的技术传播活动必然会受到极大的约束，以至于采取在现代人看来极为原始和极端的保护措施，如"传儿不传女""传内不传外"，甚至有的技人干脆把高超的技术带进棺材里永不外传。这些所谓的技术保护措施使得很多传统的工艺未得到些许改进便早早失传，当然，这也是由中国传统文化与传统观念的本质所决定的。很多国人在检讨中国在近代落后的根源时，往往很少从知识产权保护层面寻找原因。

专利，自诞生以来便在人类历史的长河中发挥着非常重要的作用，工业革命最早诞生在英国，这一点与英国是世界上最早建立专利制度的国家有着千丝万缕的联系。本书将从知识产权保护的视角再次剖析英国在早期工业革命期间崛起的原因。在当前的信息技术时代，随着对专利在保护知识产权方面的作用的认识不断加深，人们利用专利的手段也逐渐呈现出多样化趋势。在新技术层出不穷、信息科技主导的今天，专利的作用早已不是保护专属技术那么简单，而是呈现出战略化的倾向。这一点在跨国公司之间的竞争、区域之间的竞争，乃至国家之间的竞争等各个层次都有所体现。但是，我们不得不承认的一件事情是，虽然中国已经建立了比较完备的市场经济制度，但在知识产权管理、保护乃至知识产权意识方面仍然落后。尽管在1985年我国就建立了专利制度，但是其起到的技术保护作用仍然非常有限，《中华人民共和国专利法》没有被很好地遵守。申请专利若不足以保护其知识产权，也就失去了申请的意义。因此，加深国人对专利的认识与对知识产权的尊重是一件非常紧迫且非常必要的事情，这也是笔者撰写本书的最主要原因之一。

如本书题目所示，本书主要探讨两件事情：一件是专利行为，即相关主体围绕专利申请、受理、审查、授权和专利权维护等一系列过程所展开的各类活动，这些活动可能是有意识的，也可能是无意识的，可能是有目的的，也可能是无目的的。当人们对其缺乏意识和目的的专利行为进行科学的归纳和总结，形成一套行之有效的经验和办法指导未来的专利行为时，专利战略便诞生了，这正是本书将要讨论的第二件重要的事情。

在深入剖析这两件事情时，本书首先会力求避免对现有理论的套用与阐述，因为尽管这些理论学术价值斐然，但其本身对指导实践的作用并不十分显著，本书也不想提出新的理论，而是会更多地从国际和国内特有的现象、案例和数据本身出发，实事求是地剖析造成这种结果的原因，并总结经验教训，为企业家提供借鉴，也期望引导相关科研人员展开深入思考。其次，本书尽量使用通俗易懂的语言文字，以生动活泼的形式展现内容，结合大量的现实案例对企业专利行为和专利战略进行深入浅出的论述。上述两点使本书在不具备任何知识产权研究和从业背景的人阅读起来也非常通俗易懂，但书中所包含的知识与信息量，以及带给人们的启发却丝毫不会减少。

本书共分为三篇。第一篇主要讲"中国制造"下的知识产权困境。其中，第一章结合近代英国工业革命和现代跨国公司间激烈的专利战争展示专利的重要作用；第二章阐述知识产权侵权如何扼杀了冉冉升起的民族品牌，以及目前"中国制造"所面临的知识产权空心化的问题。第二篇详细描述了中国企业的各类专利行为。其中，第三章概括了中国企业的专利申请情况；第四章对比了中外企业专利行为的差异，还概括了中国特有的专利权投机行为；第五章结合中国海量的专利审查期数据深入发掘了其中的企业专利行为特征及其成因，还进行了中外企业的深入比较；第六章探讨了企业根据成本——收益原理则决定是否延续专利权的选择行为，并从不同视角进行了对比分析；第七章对我国专利保护程度的演变进行了回顾，并从地区间竞争、官员政绩考核两方面深入分析了不同地区间专利保护的差异与成因。第三篇全面阐述了企业的专利战略。其中，第八章讨论了跨国公司在中国的专利战略布局，以及发达国家中广泛存在的"专利流氓"可能造成的危害；第九章研究专利丛林及基于专利丛林形成的专利池，对中国企业在跨国公司严密的专利封锁下与激烈的专利竞争中需要采取的对策进行了深入讨论，还对当前新兴技术领域出现的弱化专利保护，强化全球合作的发展趋势进行了深入分析；第十章重点关注的是专利陷阱，探讨了我国企业长期的技术模仿行为带来的潜在危机；第十一章对商业方法类专利这一信息经济时代下新兴的专利的由来及其发展现状进行了介绍，目前我国对商业方法类专利的审查依然极为谨慎，但谨慎之余也让国内企业失掉了许多商业机会；第十二章介绍了一些常用的专利分析方法，包括专利检索网站，核心专利、外围专利与标准专利的识别，以及专利价值评估等内容；第十三章结合前面关于专利行为、专利战略、专利制度、专利分析等方面的研究内容，分别从政府和企业视角对当前国内外知识产权竞争形势下需要采取的措施进行了全面而深刻的总结。本书的结构框架如图0-1所示。

第一篇 "中国制造"的知识产权困境
- 第一章 专利制度的由来与国际市场上的专利之争
- 第二章 "中国制造"下的民族品牌自主创新之路

第二篇 中国企业专利行为
- 第三章 中国企业的技术竞争力
- 第四章 企业的一般专利行为
- 第五章 专利审查过程中的专利行为分析
- 第六章 企业的专利权延续行为
- 第七章 中国专利保护的演变与地区性保护差异

第三篇 企业专利战略
- 第八章 跨国公司在中国的专利战略
- 第九章 专利丛林、专利联盟与开放的专利
- 第十章 专利侵权与专利陷阱
- 第十一章 商业方法类专利
- 第十二章 专利分析
- 第十三章 启示与建议

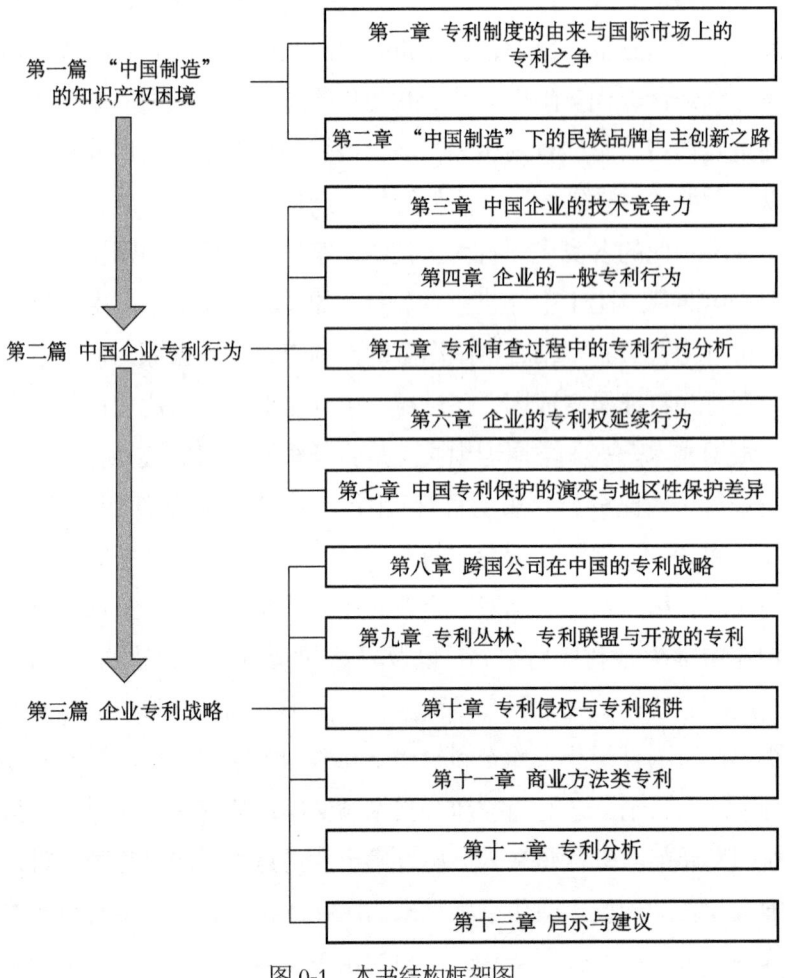

图 0-1 本书结构框架图

本书潜在的读者群分布广泛：书中给出的大量案例及对案例的深入剖析适合企业知识产权管理者阅读，有助于提升企业专利战略意识；本书对政府的知识产权管理部门在制定专利政策、协调专利执法方面也能够提供一定启示；本书还能够作为MBA工商管理教学的参考教材供教师授课时使用；本书给出的专利价值相关理论计算方法，以及专利战略相关研究内容是笔者长期从事专利研究以来取得的颇有价值的研究成果，可以供创新管理领域的科研人员参考。

由于笔者的知识水平有限，书中难免存在不足之处，笔者欢迎并虚心接受读者的批评、指正。

张古鹏

2018年3月12日

目录

前言

第一篇 "中国制造"的知识产权困境

第一章 专利制度的由来与国际市场上的专利之争 /003
  第一节 英国第一次工业革命与《垄断法》的颁布 /004
  第二节 专利之争——一场没有硝烟的战争 /009

第二章 "中国制造"下的民族品牌自主创新之路 /017
  第一节 民族品牌的发展困境 /018
  第二节 缺乏自主创新能力下的"中国制造" /020

回顾与总结 /025

第二篇 中国企业专利行为

第三章 中国企业的技术竞争力 /031
  第一节 国内企业的专利申请量与国际竞争力 /031
  第二节 华为、中兴、联想的技术竞争力 /037
  第三节 国内企业专利策略对比——以国产智能手机厂商为例 /043
  第四节 中国最大的专利巨鳄 /049

第四章　企业的一般专利行为 /056
第一节　中外企业专利行为对比 /056
第二节　中国特有的专利投机行为 /065

第五章　专利审查过程中的专利行为分析 /068
第一节　中国专利审查过程中各阶段的法律状态 /068
第二节　第一阶段专利条件寿命期的分布特征 /071
第三节　第二阶段专利条件寿命期的分布特征 /076
第四节　条件寿命期的专利战略含义 /081

第六章　企业的专利权延续行为 /088
第一节　企业延续专利权的成本与收益分析 /088
第二节　我国企业、研究机构和个人的专利存续期 /091
第三节　中外企业的专利存续期对比 /093
第四节　中国、欧盟专利保护与专利存续期对比 /098
第五节　国内典型企业的专利存续期比较 /102
第六节　国有企业与民营企业的专利存续期对比 /103

第七章　中国专利保护的演变与地区性保护差异 /107
第一节　《中华人民共和国专利法》中专利侵权惩罚性条款的演变 /107
第二节　专利保护的地区性差异 /109

回顾与总结 /111

第三篇　企业专利战略

第八章　跨国公司在中国的专利战略 /117
第一节　"专利流氓" /117
第二节　滥用专利的"流氓行为" /122
第三节　跨国公司在中国的专利战略 /131

第九章　专利丛林、专利联盟与开放的专利 /136
第一节　专利丛林 /136
第二节　专利联盟 /138
第三节　开放的专利：新兴技术的战略选择 /146

第十章　专利侵权与专利陷阱 /150
第一节　中国的 DVD 播放机知识产权风波 /150
第二节　警惕失效专利背后的专利陷阱 /151

第十一章　商业方法类专利 /158
第一节　商业方法类专利的由来 /158
第二节　中国对商业方法类专利的保护现状及其发展对策 /162

第十二章　专利分析 /166
第一节　专利检索 /167
第二节　标准必要专利、核心专利与外围专利的识别与专利分析 /168
第三节　专利价值评估模型 /173

第十三章　启示与建议 /182
第一节　对我国企业经营活动的一些建议 /182
第二节　对我国政府部门的一些建议 /185

回顾与总结 /188

参考文献 /191

第一篇
"中国制造"的知识产权困境

第一章

专利制度的由来与国际市场上的专利之争

专利究竟有没有用？申请专利到底重不重要？这是很多企业家，尤其是拥有一定生产技术的企业家时常问的问题。其实在提出这个问题前，他们心中已然有了答案。对于多数中国企业来说，即使不申请专利，它们的生产经营活动一样做得很好，反倒是申请专利会增加额外的经营成本。此外，中国的各行各业面临的一个一致的问题是，上游的核心技术往往并不掌握在自己手中，生产过程相对简单，并不需要太多技术，申请专利反倒成了无谓之举。而对于真正拥有核心技术的企业来说，它们可能更加害怕去申请专利，因为一旦向知识产权管理部门申请了专利，就意味着技术被公之于众，在当前中国对专利等知识产权缺乏有效保护的情况下，专利权人被侵权模仿的风险非常高。不仅中国当前的专利制度为专利提供的保护仍然不足，而且考虑到诉讼成本高、诉讼历程旷日持久、宣判后执行困难等问题，很多企业往往采用商业机密的方式守住其核心技术。因此，在多数中国企业里，从事知识产权管理的人员经常抱怨其工作不受领导重视，在工作中往往被边缘化。如果被轻视的知识产权从业人员把公司的技术学过来后去申请专利，然后再利用专利去起诉当前的公司侵权，则公司败诉的概率极大。企业若始终处于专利真空状态可能会带来风险，从长期看这对企业发展显然不利。专门以发起专利侵权诉讼为主业的"专利流氓"目前在国外十分盛行，但就目前来看，"专利流氓"在中国仍十分罕见。尽管当前中国可能很少有企业或个人专门从事"专利流氓"活动，但可以预想的是，随着中国市场经济体制越来越健全，对知识产权保护的力度越来越高，专利空心化的企业在面对专利诉讼时可能更加束手无策，进而威胁企业的正常经营。由此可见，申请专利的重要作用就是自我防范、自我保护，而国内企业对这种作用的认识显然非常有限。

显然，专利的用途远远不止于此，如果仅站在这个时代的高度去考察专利所起到的作用，着实委屈了这一足以被誉为人类历史上最伟大的制度发明之一。专利制度的作用需要放在人类发展历史的长河中进行细致考察。

第一节 英国第一次工业革命与《垄断法》的颁布[①]

史学家们普遍认为，世界上最早的专利制度出现在中世纪的欧洲。1236年，英国王室曾经授予波尔多市的一个市民制作各种花色的纺织品15年的垄断权。1469年，威尼斯共和国曾授予斯友尔有关印刷发明的垄断权。1474年，欧洲制定了世界上第一部在法律意义上为技术发明提供排他性垄断权利的《威尼斯专利法》（Venice Patent Law），这是专利制度发展史上的一个转折点，威尼斯共和国是世界上第一个把发明专利的管理秩序化的国家。但是，一般认为1474年威尼斯共和国的《威尼斯专利法》实际上只是历史上专利制度的一个雏形。从世界专利史的角度来评价，它留给人们的印象远不如英国的《垄断法》（The Statue of Monopolies）深刻。

---

① 本节内容参考了仲新亮（2006）和曹交凤（2010）。

英国早期的专利制度是通过王室授予发明人独占其发明的特权而逐步形成和完善起来的。这种由王室授予特权的做法曾一度被滥用。这些被滥用的独占权成了当时英国不断出现政治骚乱的一个最主要的原因。1601年，英国皇室伊丽莎白女王在当时混乱的局势下不得不做出让步，发布公告将英国已授予的大部分技术发明的独占权撤销。英国议会为了进一步约束国王继续滥用权力，于1624颁布了《垄断法》。这部《垄断法》构成了英国200多年来关于专利权的法律基础，曾经被认为是世界上第一部现代意义上的专利法。它宣布了以往君主所授予发明人的特权一律无效。它规定了发明专利权的主体、客体、可以取得发明专利的发明主体、取得专利权的条件、专利权的有效期，以及在什么情况下专利权人获得的专利权将被判无效等。

《垄断法》正式颁布后的17世纪后半叶，英国进入了发明创造的高峰期，各种千奇百怪的发明层出不穷。一直持续到18世纪中叶，在大量发明创造诞生之后，英国终于爆发了后来改变整个世界经济发展轨迹的工业革命，使得英国的经济从农业、手工业生产的时代快速地跨越到了工业机器制造的时代。关于工业革命产生于英国的原因有很多文献进行过研究，总结出的原因包括雄厚的资本、充足的劳动力、丰富的资源和原料、海外贸易的迫切需求等。然而，多数学者都忽略了其中一个重要的事实，即英国是世界上第一个建立专利制度的国家，也是第一个将知识产权保护纳入法律条文中的国家，这种专利制度保障了发明人的应得权利，从而催生了大量的技术创新，最终导致了工业革命，使一个小小的岛国最终变成了"日不落帝国"，影响了全世界。为了更直观地看清专利制度究竟如何催生了工业革命，本书以表格的形式展现1624年《垄断法》颁布前后，英国最发达的纺织业和冶金业的技术革新情况，如表1-1和表1-2所示。

表 1-1　1624 年英国《垄断法》颁布前后纺织业技术革新情况

1624 年《垄断法》颁布前		1624 年《垄断法》颁布后	
年份	事件	年份	事件
1589	剑桥大学毕业的威廉·李发明了织袜机，后被迫离开英国赴法国避难	1716	约翰·隆贝发明了捻丝机并向英国政府申请了专利，后建立了第一家工厂，在专利有效期内获得了总计 12 万英镑的收入
		1733	约翰·凯发明了飞梭，织布速度飞速提高，甚至出现了一个织布工得由五六个纺纱工供应的"棉纱荒"现象
		1738	约翰·怀特发明了新纺纱机，提高了纺纱速度
		1765	詹姆斯·哈格里夫斯发明了多轴纺纱机，也就是著名的珍妮纺纱机，这种机器可以让一个人纺几十根纱。其后十多年间，英国生产了不少于两万架的珍妮纺纱机，这被认为是工业革命开始的标志
		1768	阿克莱特（一说是托马斯·海斯）发明了水力纺纱机，成了著名的工业企业家
		1779	塞缪尔·克朗普顿将珍妮纺纱机和水力纺纱机结合，发明了缧机。这种机器可以推动 300～400 个纱锭，纺出细致而又牢固的纱线
		1785	埃得蒙·卡特赖顿发明了水力织布机。此后，棉纺织厂像雨后春笋一般，沿着急流的河畔蓬勃兴起。1788 年，英国已有 143 家水力棉纺织厂

资料来源：仲新亮（2006）、曹交凤（2010）

表 1-2　1624 年英国《垄断法》颁布前后冶金业技术革新情况

1624 年《垄断法》颁布前		1624 年《垄断法》颁布后	
年份	事件	年份	事件
1561	从德国引进开矿技术和黄铜制造技术，用于制造大炮	1709	水车匠兼生铁器制造业主出身的亚伯拉罕·达比一世父子两代经过多次试验，发明了用焦炭冶炼矿石的方法并成功申请了专利。一跃成为冶铁业著名的鲁克戴尔达比家族
1575	威尼斯人詹姆斯·维尔斯林在英国取得了特许证，在格林尼治建立了生产水杯等的玻璃工场	1784	军需品承包人出身的亨利·科特和炼铁厂工人出身的彼得·奥尼恩斯发明了搅拌炼铁法，申请了专利。除去生铁中的杂质，炼出熟铁，提高锻铁效率近 15 倍，使产量由原来每周 10 吨上升为 200 吨，且费用大大降低

续表

1624年《垄断法》颁布前		1624年《垄断法》颁布后	
年份	事件	年份	事件
1616	西蒙·斯特蒙文特提出了用煤火冶炼铁矿石的方法，由于没有继续研发的动力，西蒙·斯特蒙文特并未将其实际利用到生产过程当中去	1779	约翰·威尔金森建议并主持建造了世界上第一座铁桥
		1787	约翰·威尔金森运用阿基米德原理，建造了世界上第一艘铁船，被誉为钢铁工业的创始人

资料来源：仲新亮（2006）、曹交凤（2010）

从以上的发明事例可以看出，在《垄断法》颁布前，英国在纺织业和冶金业上仅有一项发明，而且发明人还由于受到政治迫害被迫逃往法国避难。而在《垄断法》颁布后短短100多年间，英国仅纺织业就有七项重要的发明，煤炭冶铁业的技术创新更是层出不穷，使得英国一跃成为全球煤炭冶铁业最发达的国家。纺织业和煤炭冶铁业成了当时英国最重要的支柱性产业，为英国创造了巨大的财富。英国也由此成了"日不落帝国"，称霸世界100多年。

专利制度在人类文明历史上发挥巨大作用的另外一个例子是瓦特改进蒸汽机的经历。在蒸汽机发明之前，人类利用的能量来自畜力和自然力，水力纺织机发明后开始使用水力。但使用水力纺织受到自然条件的很大限制，因为工厂只能设在水流量大的急流河畔。为了改变这种情况，人们建造了一些人工瀑布来增加动力。这样，必须先用抽水机将水抽到蓄水池，蒸汽机的作用正从这里开始。蒸汽机又称火力机，最初的发明人是托马斯·萨夫里。托马斯·萨夫里于1698年完成了蒸汽机的原始机型模型。它利用气压来吸水，然后再用蒸汽的张力将水压出去。但是，这种机器的动作缓慢、力量有限，而且很有可能会发生爆炸，导致使用该机器极为危险，因此，托马斯·萨夫里发明的蒸汽机并未真正用于纺织工业的生产当中。真正的蒸汽机发明人应当是纽科门，其机器发明完成于1705年（英国《垄断法》颁布后），历史上也将蒸汽机改称为纽科门机。该蒸汽机仅仅使蒸汽通过冷凝使筒身空虚进行抽水。

1711年起，纽科门机被广泛用于工业和城市供水。纽科门机的缺点是燃料的耗费同所得的效果不相称。瓦特后续所进行的改进的目的就是减少这种机器的蒸汽和燃料的消耗量。瓦特是格拉斯哥大学实验室的工具制造者。1764年，该大学委托他修理一台损坏了的纽科门蒸汽机模型。瓦特决心改进它。他租了一间地下室，四处借贷，利用旧机器，夜以继日地工作，但屡屡失败。一年后，他已债台高筑。后来，他通过格拉斯哥大学教授认识了以"天伦公司"而闻名欧洲的罗巴克，罗巴克承担了他的研究经费。1868年，瓦特终于制造出耗煤量仅为纽科门蒸汽机的1/4，而效率却高出纽科门蒸汽机许多的蒸汽机。1769年，瓦特为其改进的蒸汽机申请了第一个专利。但是，正当瓦特完善和继续改进蒸汽机的时候，他的合伙人罗巴克破产了，试验眼看就要停下来。此时，著名企业家博尔顿承担了瓦特的全部研究经费。博尔顿与瓦特合伙的原因就在于当时瓦特拥有了蒸汽机专利，显然，英国当时的专利制度在博尔顿与瓦特合伙这一事件当中起了至关重要的作用。

在罗巴克于1773年破产时，瓦特的蒸汽机距离投入产业界使用还有很长的距离要走，因此，事实上瓦特的蒸汽机的价值仍然有很大的不确定性。所谓的蒸汽机的市场与商业价值都只是影子和纯粹的想象，要想使蒸汽机真正运用到产业界当中还需要许多的光阴和金钱。当时，瓦特预计用于实验、建造、试用方面的费用至少要达到10 000英镑，而实际上最后在研发上的花费高达47 000英镑。当时，要实现这个最终目标，需要有很大的勇气把巨额的资金投入一个前途不定的事业当中去。而博尔顿作为资本的所有人，他之所以敢花巨资去支持瓦特继续进行新产品的开发，就是基于他对瓦特所持有的专利的信任，这也反映了博尔顿本人对当时英国的《垄断法》所赋予的专利权保护的信任。瓦特所持有的专利代表了他的财产，有它就有获取利益的可能。因为一旦开发成功，这种专利财产就能转化为现实的利润。这是瓦特能够在经济上获得博尔顿巨大支持的根本原因。然而，仔细分析可以发现，瓦特的专利是1769年生效的，当时现行的专利的保护期是14年，依照当时的法律瓦特的专利应该在1783年届满。而一旦失去专利权的保护，相似的发明就会蜂拥而出，瞒混仿造就会"遍地开花"，竞争是非常可怕的。他的研究成果完全可能在还没有取得回报的情况下就被别人仿造，而他所有的努力都只能付之东流，而在1773年的时候，瓦特还在改良蒸汽机的半途中。在进退维谷的时候，瓦特于1775年尝试着向下议院提交了一份请愿书，请求延长其持有的专利的保护期限。下议院经过调查讨论，最终批准延长瓦特专利期限25年，加上前面的14年，共计39年。正是在瓦特的专利证更新以后，他同博尔顿的合伙才具有了决定性的可能。这就是说，博尔顿完全是凭着英国政府的专利保护才给瓦特投资的。而正是在博尔顿巨大资金的支持下，瓦特才最终完成蒸汽机的改良。我们从瓦特改良蒸汽机的历程中，可以清楚地看出，英国的专利制度在其中起着多么大的作用！可以说，如果没有《垄断法》，瓦特改良蒸汽机能否成功还是个未知数！

通过对英国纺织业、冶金业及瓦特改良蒸汽机过程的分析，我们可以看出，专利制度可以对技术创新产生巨大的催生作用，也正是这些创新的技术才导致了英国的工业革命，并且使其自18世纪以来就一直走在世界文明的前列。专利制度在英国的发展历史尽管充满曲折，但最终它成了现代制度文明的典范之一。专利制度对英国近现代历史的发展产生了巨大的影响。

第二节　专利之争——一场没有硝烟的战争

商场竞争的激烈程度堪比战场，不同的仅是商场里的战争没有硝烟而已。专利是这场没有硝烟的战争中的利器，是跨国公司之间相互竞争、相互攻击的最主要也是最有效的手段。在当前倡导依托技术创新驱动经济发展的时代，专利就代表了市场，谁拥有更多有竞争力的专利，谁就更容易取得市场的主动权。跨国公司围绕着专利在各个国家的市场上掀起了一场场竞争。

一项技术若想要获得合法的地位，申请专利是必由途径之一。但不可否认的是，也有许多公司并不为自己的核心技术申请专利，却依然可以通过商业机密的方式严格、有效地保护自己的核心技术。企业仅在有必要的时候才会去申请专利，尤其当自己与他人的技术交织在一起的时候。例如，国际上的两大碳酸饮料巨头——可口可乐与百事可乐尽管味道十分相似，但没有证据显示两者的配方有何相同之处，因此两家公司可以相互独立地保有配方，没有申请专利的必要。相比之下，信息技术的情况则要复杂得多，多家公司的技术往往交织在一起，公司间的技术关联度很高，例如，联想公司若要生产出个人计算机（俗称电脑），就需要英特尔公司的中央处理器（CPU）、微软公司的操作系统、日立公司的硬盘、技嘉公司的主板；苹果公司想要生产出 iPhone 手机也绕不过诺基亚公司、摩托罗拉公司这些传统手机制造商订立的标准化技术。随着全球化经济时代，特别是知识经济时代的到来，跨国公司间的竞争已经由早期的"资源竞争""市场竞争"转向了"科技竞争"。在日趋激烈的科技竞争大战当中，专利已经成为最重要的进攻、防守，以及抢占"技术高地"的最终的武器之一。

一、思科与华为的十年之争[①]

随着华为在路由器、交换机等数据产品市场和相应软件市场的日渐壮大，全球通信领域最大的思科（Cisco）公司感受到了前所未有的威胁。华为的数据产品性能与思科的产品相当，但价格却比思科低 20%～50%。正当华为雄心壮志地意图开辟美国这个全球互联网通信领域最大的市场时，2003 年 1 月，思科公司向美国得克萨斯州东区联邦法院正式提起诉讼，指控中国华为公司及华为的美国分公司抄袭思科的 IOS 源代码、技术文档和命令行接口，侵犯思科公司在路由协议方面至少 5 项专利，要求美国地方法院下令禁售华为产品。思科同时也向华为在英国的分销商 Spot

---

① 该部分主要参考了卫晓（2012）。

Distribution 公司致函，要求其停止分销侵犯思科知识产权的华为产品。尽管思科于 2004 年 7 月与华为最终达成和解，法院终止思科对华为的诉讼，解决了该起专利的全部争议，但是华为开拓美国市场的进程戛然而止，全球市场也受到了极大的影响。2012 年 3 月，华为被禁止参与澳大利亚耗资 380 亿美元的国家宽带计划（NBN）项目的投标。直至今日，在思科的极力游说下，美国联邦政府始终以国家安全的名义拒绝向华为开放美国的电信市场。

二、柯达：身体已死，智力犹存的专利怪兽

2012 年 1 月，拥有 131 年历史的老牌摄影器材企业柯达公司向美国法院申请了破产保护。在破产之前，柯达仍然拥有 1100 多项数字成像技术的相关专利，这些专利成了柯达破产后继续延续其生命的关键。柯达在濒临破产边缘直至破产后相当长的一段时间，发起了多起专利诉讼，如表 1-3 所示。从柯达的例子可以看出，一家企业破产退出实业，并不代表其专利技术也失去了效用，企业往往可以继续通过其尚未失效的专利获得收益。

表 1-3　柯达发起的专利诉讼及其最终结果

发起诉讼时间	诉讼理由	最终判决结果
2008 年 11 月	指控三星电子和 LG 电子所产数码相机侵犯了柯达技术专利，并要求美国法院和监管部门禁止三星电子和 LG 电子的数码相机进入美国市场	2010 年 1 月，柯达与三星达成和解，互换一项数码相机专利技术；2009 年 12 月，LG 电子与柯达达成和解，柯达还将 OLED（有机发光二极管）业务出售给 LG
2010 年 1 月	向美国国际贸易委员会起诉苹果和 RIM，声称这两家公司侵犯了自己的数字成像技术专利	美国法官 Thomas Pender 指出柯达控告苹果和 RIM 专利侵权败诉，认定诉讼的关键专利 218 号专利文件已经失效
2012 年 1 月	对苹果公司、HTC 提起诉讼，称这两家公司侵犯了柯达数码照片相关的技术专利	未知
2012 年 1 月	起诉富士胶片，称其数码相机侵犯了柯达 5 项专利，其中包括捕捉、储存、预览及传送影像等技术	未知
2012 年 1 月	第二次向美国方法院指控三星，称其产品侵犯了 5 款柯达数码成像技术的专利	未知

三、三星 vs. 苹果：世纪专利大战

当移动互联网时代大潮到来后，两大手机厂商——三星、苹果间的竞争成为全球关注的焦点。两大手机厂商间的竞争不仅体现在市场争夺方面，更体现在围绕专利侵权问题展开的数次法律诉讼方面。可以说，自苹果的 iPhone 和三星的 Galaxy 两大全球受欢迎的手机机型诞生以来，两者间的纠纷始终不绝于耳。

2011 年，苹果向美国一家法院提起诉讼，称三星的 Galaxy 系列手机和平板电脑涉嫌侵犯该公司的一系列专利权和商标权，并在诉状中列举了一系列三星产品涉嫌剽窃的证据，包括界面图标和设备外观等。苹果还特别提到了该公司于 2009～2010 年获得的与 iPhone 有关的外观设计和界面图标专利权。此外，苹果还指控三星抄袭了 iPhone 和 iPad 的外包装设计方案[1]。

2012 年，三星向韩国首尔法院提交起诉苹果的诉讼文件，涉及三项实用工具的专利权，牵涉到数据、用户界面和短信的显示方式[2]。

2014 年，苹果公司起诉三星侵犯了该公司持有的五项软件专利技术：从文本信息中检测数据并将这些文本信息转化为一个可以点击的链接技术、数据的后台协同技术、语音识别数字助理 Siri 的通用搜索技术、文字输入自动提示技术及滑动解锁技术，并索赔 20 亿美元，三星则辩称，该公司早已将其中的四项软件专利功能授权给了谷歌，而在苹果申请专利之前，谷歌一直在研发这些专利技术。与此同时，三星也对此做出了积极回应，起诉苹果侵犯了该公司的两项专利技术并索赔约 700 万美元[3]。

……

---

[1] 苹果起诉三星侵犯 iPhone 和 iPad 专利权. http://tech.sina.com.cn/t/2011-04-19/04145421262.shtml [2011-04-19].

[2] 三星韩国起诉苹果公司. http://tech.163.com/12/0307/17/7S0T8NDI000915BE.html [2012-03-07].

[3] 苹果再次起诉三星侵犯五项专利索赔 20 亿美元. http://tech.qq.com/a/20140331/012695.htm [2014-03-31].

据不完全统计，截止到 2012 年，三星和苹果两家全球最大的智能手机厂商在全球约 10 个国家发起了 30 多起专利权诉讼案①。

四、微软如何"围剿"免费的安卓

安卓（Android）是目前全球最大的移动操作系统，截止到 2013 年，全球安卓智能手机使用量已超过 7.5 亿部。安卓手机如此快速地扩张，一方面得益于谷歌雄厚的技术能力及对移动互联网发展前景准确的判断，另一方面也得益于谷歌设计的安卓系统特有的开放、开源、自由和免费的生态模式，而安卓之前的移动操作系统，如塞班（Symbian）、黑莓（BlackBerry），以及苹果的 iOS 系统等，都未做到真正的开源和免费。安卓全新的免费、开源的商业模式使得传统手机市场发生了巨变。

相比之下，微软和诺基亚主推的 Windows 手机的表现则要暗淡许多。诺基亚更是由自身的战略选择失误导致倒闭的。面对手机市场的节节败退，微软开始逐渐转向利用专利展开对谷歌安卓的"围剿"。事实上，一个移动操作系统的开发需要用到多项业已成熟的专利技术，常用的文件管理、通信管理、显示、交互、浏览器等功能，都是基于现有技术开发的，例如，在文件系统上面，安卓就要用到微软的 file artist 等技术；微软还拥有以无线的方式实现日历、地址簿动态同步的专利技术，而这些技术恰恰是安卓手机都用到的；在无线通信技术方面，如何实现智能手机和小区的发射塔，即蜂窝信号站点之间进行数据和语音传输的技术，微软也拥有专利；还有 Wi-Fi 上网的技术及音视频方面的技术。安卓系统的开发过程式正是基于微软这些已经开发并且申请了专利的技术来进行的，但谷歌却未向微软支付过专利使用费用，也未曾同微软达成技术使用许可协议，这就使得安卓系统时刻处于危险的境地。由于谷歌并不直接生产和销售搭载安卓系统的手机，也不从安卓系统中直接获利，微软难以直接起诉谷歌。于是，搭载安卓系统的设备制造商便成了微软起诉的对象。2011 年 3

---

① 三星韩国起诉苹果公司. http://tech.163.com/12/0307/17/7S0T8NDI000915BE.html [2012-03-07].

月，微软在美国华盛顿州西雅图西区法院起诉了美国第一大连锁书商邦诺（Barnes & Noble）、富士康和英业达，指控它们生产的安卓电子阅读器和平板电脑侵犯了自己的专利。由于设备商使用安卓系统并未向谷歌支付软件使用费，谷歌并无义务与微软签订专利许可协议，而像华为、中兴、联想、小米等国产手机厂商在法律义务上则不得不向微软支付专利使用费。尽管微软对安卓的专利"围剿"不会撼动安卓在移动操作系统领域的领袖地位，但仍然为其推广带来了不小的麻烦，例如，据一位华为高管透露，华为的每部安卓手机需要为系统支付的专利许可费用大约为6美元[1]，微软还与三星、HTC、Velocity Micro、General Dynamics 和 Onkyo 达成了类似缴纳许可费的专利授权协议[2][3]。

在手机通信领域，谷歌是后来者，但无疑也是最成功的"搅局者"。为了稳固安卓系统的地位及竭力摆脱对微软、诺基亚等公司技术的依赖，谷歌也开始在移动操作系统领域展开了专利布局，专利申请量连年翻番。但由于谷歌先前的技术积累不足，就目前看，谷歌在面对微软的专利"围剿"战略时无能为力，但随着新兴移动通信技术的不断兴起，我们或许在不久的将来能够看到谷歌利用专利展开对微软的"反围剿"。

事实上，不仅是苹果和三星、微软和安卓，智能手机产业充斥着各种有关专利权的诉讼，苹果与诺基亚、微软与摩托罗拉、甲骨文与谷歌及其他一些公司之间均存在法律纠纷，而这些法律纠纷发起的基础，无疑是跨国公司手中掌握的专利权。跨国公司还通过相互收购的方式强强联合，以形成更庞大的团体相互对抗，例如，谷歌出资125亿美元收购摩托罗拉以获得其1.7万项专利的使用权，微软以72亿美元的价格收购诺基亚等（胡素雅，2014）。图1-1给出的是部分跨国公司围绕智能手机行业发起的专

---

[1] 微软向富士康收专利许可费　围堵免费的安卓. http://it.sohu.com/20130419/n373221235.shtml [2013-04-19].

[2] 每部15美元　三星Android手机向微软付专利费. http://news.mydrivers.com/1/198/198486.htm [2011-07-06].

[3] 微软与三星达成安卓专利协议. http://www.aliyun.com/zixun/content/2_6_832366.html [2015-01-08].

利诉讼。箭头由起诉方指向被起诉方，双向箭头表示双方相互起诉。显然，跨国公司间的专利混战极为激烈。由图 1-1 可见，智能手机领军企业苹果显然是众矢之的，与其存在专利纠纷的企业最多。这主要是由于苹果手机和平板电脑起步较晚，许多产品都是基于现有技术发展起来的。但苹果也进行了多项技术革新，诸如滑动解锁、自动横屏等广受市场欢迎的技术，都出自其原创，苹果也正是利用这些技术对包括三星在内的多家智能手机厂商发起了专利诉讼。甚至一些已经退出手机生产的企业，如诺基亚、摩托罗拉，以及业已破产的企业，如柯达，也纷纷利用自己掌握的专利技术向其他智能手机厂商频频发起赔偿诉讼。可见，专利作为最有效的技术武器，发挥作用的范围广、时效长。许多异军突起的智能手机厂商极大地受到了既有专利技术的束缚。

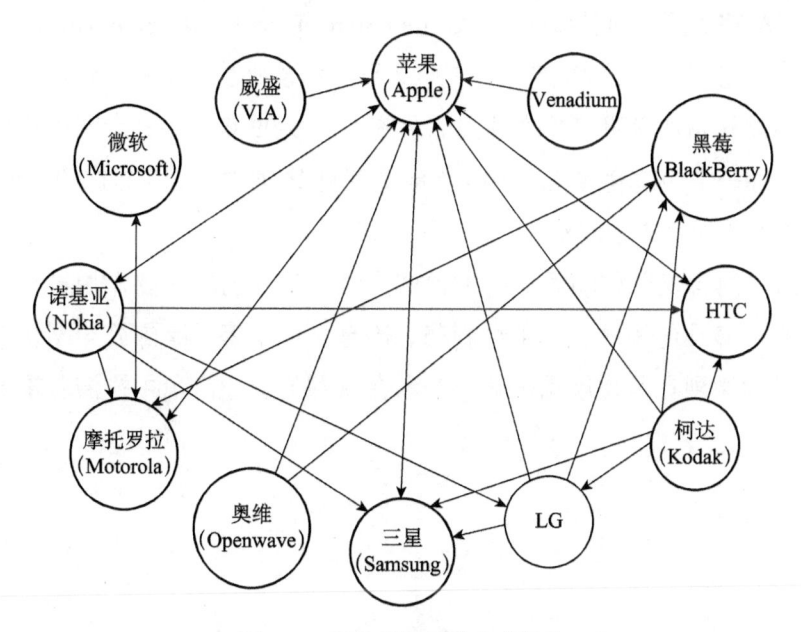

图 1-1　智能手机行业专利混战
资料来源：胡素雅（2014）

尽管曾经的手机行业巨头——诺基亚和摩托罗拉的公司整体业务已经分别被微软和谷歌收购，但其掌握的大量核心专利技术仍然是移动通信技术赖以生存的基础，其部分专利更是现代移动通信产业的标准基本专利，譬如作为 3G 和 4G 移动通信技术基础的 1G 和 2G 技术。尽管诺基亚等曾经的手机巨头已经在多个场合多次表示不会成为"专利流氓"[1]，但其掌握的大量的专利组合始终是其他手机厂商的潜在威胁。

对于业已成熟的技术领域，多数企业，即使是大型跨国公司往往也会受制于专利空白。例如，尽管苹果公司的 iPhone 近些年销售火爆，但其进入移动终端设备领域的时间却很晚，第一部 iPhone 在 2007 年才开始对外发售。大多数移动通信领域的行业技术标准皆不是苹果原创。苹果还因此于 2011 年向诺基亚支付一笔一次性费用和后续版权使用费[2]。

而在尚未成熟的技术领域，申请专利已经成为高科技企业跑马圈地的最重要的手段。例如，在苹果公司 2007 年开始发售智能手机 iPhone 之前，谷歌在美国专利及商标局（United States Patent and Trademark Office, USPTO）仅申请了 35 项专利。在意识到了智能手机业务的广阔市场前景后，谷歌开始加紧研发并改进安卓系统，自 2008 年开始其专利申请量便以每年翻一番的速度增长，2014 年申请专利 2566 项，美国排名第 7 位[3]。这些专利无疑为未来的专利大战埋下了伏笔。

以上内容仅以移动通信技术领域为例，对专利的重要作用进行了说明，在许多其他领域，如生物制药、冶金、化学等，跨国公司围绕专利所展开的激烈竞争也屡见不鲜。专利在激烈的企业竞争中扮演着重要的角色。

---

[1] 诺基亚承诺：我们不会沦为专利流氓. http：//www.ithome.com/html/it/80257.htm [2014-04-09].
[2] 专利战后苹果诺基亚偷笑. http：//news.mydrivers.com/1/196/196552.htm [2011-06-16].
[3] Maccoun J, LaBarre J. 2015. Three patent leaders: Google Inc. Hewlett-Packard Company and Motorola Inc. 2015 年中国专利信息年会, 北京.

第二章

"中国制造"下的民族品牌自主创新之路

20世纪90年代,在新一轮全球经济转移的浪潮中,全世界的制造业重心开始逐渐向中国转移,中国每年吸引的外国直接投资位于国际前列,使得中国成长为名副其实的全球加工制造业中心。然而,中国制造的多属于劳动密集型产品,而且产品的附加值非常低,高科技产业的发展十分不乐观,大部分产品的核心技术都被美国、日本和欧盟等发达国家或地区掌控,"中国制造"面临着技术空心化的困境。尽管中国制造业发展迅速,许多海外企业将生产基地转移到中国,但仅仅依靠制造产品的数量是远远不够的。"世界工厂"指的是世界制造业的集中地,而中国当前的制造业发展水平基本都处于加工装配阶段。相比之下,美国、日本和欧盟等都在各自主导的产业形成了各自的技术优势,如德国的生产运输机械制造、瑞典的工程机械制造、美国的飞机和集成电路制造、日本的电气机械制造等。这些关键产品、关键零部件的制造无一在中国,可见中国与制造业强国仍有很大的差距。

尽管外资的大量涌入为中国带来了经济的繁荣,但不可否认的是,其在提振国内民族品牌[①]的竞争力方面起到的作用极为有限,甚至大量极具

---

① 所谓民族品牌,指的是由民族企业建立的具有自主知识产权、能体现企业核心竞争力的、具有一定社会影响力的品牌(马万志,郑雪青,2009)。

创新精神的民族品牌被兼并或被打垮。这一方面与中国极为复杂的市场环境有很大关系,但更深层次的原因还是我们过于看重"中国制造",却在很长一段时间里忽略了"中国创造"这一更为重要的竞争力。然而,外资在改善民族品牌创新能力方面几乎没有什么显著的作为,不仅如此,由于长期忽略对知识产权的保护,中国的民族品牌的创造活力始终难有广阔的拓展空间。

第一节 民族品牌的发展困境

中国曾经拥有过很多辉煌的民族品牌,尤其是在20世纪90年代和21世纪最初的10年间,许多耳熟能详的民族品牌为中国的经济发展做出了巨大的贡献。然而遗憾的是,这个时期也是我国盗版侵权最猖獗的时期,在国内外双重不利环境的挤压下,许多民族品牌走向了没落甚至死亡。

以游戏软件产业为例,20世纪90年代,电子信息技术刚刚在中国兴起。当电脑刚刚开始在中国盛行的时候,国产单机游戏就开始萌芽、发展,后来在相当长的一段时期内达到了鼎盛。但是,这个过程来得太快,走得也太匆忙,以至于当国产单机游戏市场走向没落的时候,很多人都来不及回过神来。没落之后的国产单机游戏市场并没有消亡,只是变得不能推陈出新、取材匮乏。现如今的国产单机游戏市场很难令人不感到失望。曾经出现过包括媲美美国《红色警戒》的即时战略类游戏(real-time strategy game,RTS)《铁甲风暴》;一度远销韩国的被誉为世界第一款3D RTS 的《自由与荣耀》,以及拥有华丽科幻背景的机甲射击第一人称射击类游戏(first-person shooter,FPS)《大秦悍将》;曾出现过火爆的动作类游戏,如《流星蝴蝶剑》;至今广受欢迎的模拟游戏,如《大富翁》《虚拟人生》;我们甚至还有过3D模拟飞行游戏,如《八一战鹰》,以及其他值得我们缅怀的国产单机游戏，如《汉朝与罗马》《金庸群侠传》《秦殇》《异域狂想曲》[①]等。我们国内曾经制作过的游戏可谓是五花八门，极大地丰富了国内游戏市场，几乎能在国内市场上与国外的电脑游戏软件平分秋色，然而，游戏产业发展至今，国产单机游戏却多数走向没落。这当中一方面固然有网络游戏的兴起挤压了单机游戏市场的原因，但其中另外一个很重要的原因是，国内盗版肆虐的游戏市场摧毁了国产单机游戏厂商广阔的发展空间。盗版游戏先天的价格优势让身处不良消费环境下的国产单机游戏厂商头痛不已，不仅毁掉了他们开发游戏的热情和耐心，也毁掉了国内的电脑游戏产业。

如果说上述案例对于我们不太关注电脑游戏的成年人来说距离仍显遥远，那么以下这则案例则是我们大多数国人都应该深刻了解的。

相信多数经常使用办公软件的人都听说过金山公司旗下的WPS。曾几何时，一个名叫求伯君的24岁的年轻人创作出来的WPS在国内占有超过90%的办公软件市场，WPS甚至几乎成了电脑办公软件的代名词。WPS诞生于1989年。1992～1994年，金山和WPS如日中天，每套WPS的批发价是2200元，年销售量为3万多套，年销售额超过6600万元。这对于当时的个人创业型企业来说，简直就是一个天文数字（杨眉等，2008）。然而自1996年开始，初到中国的微软以其著名的Office开始了与WPS的竞争。此后WPS急转直下，市场份额几乎被Office瞬间蚕食。这一方面与WPS在同Office竞争中的策略性失误有关，另一方面更是由于以当时金山公司的规模根本无力承担盗版侵权带来的巨大经济损失，相比之下，微软公司强大的经济实力为Office提供了有力的后盾。因此，一场盗版侵权的血雨腥风之后，WPS衰落了，Office成为统治中国办公软件的"新霸主"。软件产品以其容易复制的特点，往往成为盗版侵权的最大受害者。

[①] 是谁毁了国产单机游戏 盗版还是网游. http://games.sina.com.cn/j/n/2012-01-03/2055569265.shtml [2012-01-03].

柳传志曾经发表过"中国没有创新土壤"的著名论断。但笔者始终觉得，中华民族是世界上最具有创新力的民族之一，只是这种创新力没有在一个很好的制度激励下得以正确发挥。党的十八大报告明确提出，未来我国要实施创新驱动发展战略。创新驱动发展应该首先从尊重和保护知识产权做起，这是激发民族创新力、培育民族创新品牌的根本。

在我国所吸引的所有外国直接投资中，约10%的资金涌入中国的目的是并购国内企业（梅新育，2008）。过去为人们所熟悉并津津乐道的品牌，如美加净牙膏、中华牙膏、活力28、小护士、乐凯胶卷、乐百氏等都被外资收购。在高额注资的诱惑下，许多民族企业放弃了坚持自主经营，将企业股份转让给了外国企业。但是，由于存在管理理念相对落后、受体制机制制约、对市场反应不够灵敏等问题，民族企业也正意图通过注入外资为企业带来活力与先进的经营管理模式。短期来看，参与兼并重组的民族企业似乎是受益方，但从长远方面看，外资企业通过兼并、合资的方式获得国内企业的股权后，都有意识地将外来品牌注入国内企业，民族品牌反而被逐渐冷落与忽略。外资企业通过这种方式控制了许多国内产业，使得许多民族品牌非但未获得创新能力的提升与管理模式的改进，反而丧失了自主经营、自主创新的机会。

第二节　缺乏自主创新能力下的"中国制造"

进入21世纪以来，打着"中国制造"的各类产品漂洋过海走向世界的每个角落。在海外市场，Made in China随处可见，其在海外市场占据着相当高的份额。全球各地的市场上都能够看到"中国制造"的计算机、显示器、电视机、照相机、服装、玩具、鞋袜、家具、运动器材、箱包等。但是，中国制造的商品占据的大多是国外的低端产品市场。例如，在美国市场，50美元以下的日用消费品当中，"中国制造"的消费品所占比例高达80%，美国商店推出的所有减价商品当中，减价幅度达60%以上的商品大多数来自中国的出口产品[1]。2010年南非世界杯上大行其道的中国制造的喇叭，在南非世界杯期间的销售量超过了100万支，在南非市场的售价约为每支54元人民币，而这种喇叭在中国工厂的出厂价却只有2元人民币，核算下来，每支喇叭工厂主和工人各赚一毛钱[2]。2000年以来，中国国内生产总值（GDP）总量占世界的4%左右，而消耗的一次性能源占到世界一次性能源的12.1%。其中，制造业的能源消耗占全国一次性能源消耗的60%多，"中国制造"的能源消耗占世界一次性能源消耗的7%多。钢材消耗占世界总消耗量的29%多，氧化铝消耗占25%多，水泥消耗超过50%，淡水消耗占15%左右（曹雷，2010）。目前，我国每单位GDP消耗的能源大约为日本的10倍、美国的5倍、加拿大的3倍，中国消耗的金属为世界平均水平的2～4倍[3]。鉴于中国是一个人均资源相对贫乏的国家，也是一个资源消耗大国，有的专家和学者担心，我国目前对一些战略资源的消耗是不可持续的，不可再生资源因过量开采与消耗很可能会很快枯竭，这会导致国内物价上涨、经济不稳定等种种恶性后果。

2005年，商务部副部长于广洲在"中国企业发展高层论坛"上曾不无感慨地提到，当前世界市场中有很多"中国制造"的产品，但是缺乏"中国创造"的产品。他一语道破"中国制造"缺乏自主知识产权的症结。中国的外贸出口以加工贸易、贴牌生产为主的形势至今未有明显变化，乃至被全球许多国家的消费者称为"三无产品"，即一没有自主知识产权的核心技术，二没有自主品牌，三没有自主设计。正是由于出口的产品多属于"三无产品"，许多出口产品面临着知识产权诉讼的威胁。中国正成为世界各国以知识产权为武器激烈攻击的对象也是不争的事实。

---

[1] "中国制造"新希望. http://news.163.com/10/0707/20/6B/322N7000146BC.html [2010-07-07].
[2] 2010南非世界杯鲜为人知的十大"中国制造". http://blog.sina.com.cn/s/blog_4b71657f0100jnq0.html [2010-07-02].
[3] 中国经济社会发展对科技的需求分析. http://www.cpcia.org.cn/news/view.asp?id=53238 [2008-07-11].

外贸出口缺乏具有自主知识产权的核心技术、自主出口品牌和销售网络，在国际分工价值链上主要处于加工组装等低增值或低端环节。由上述分析可见，知识产权问题是"中国制造"面临的最为迫切、最为严峻的问题。

表2-1列出的是2003～2016年中国企业遭到国外专利诉讼的部分案例。中国自2001年加入世界贸易组织（WTO）后的头5年间，中国企业因知识产权纠纷引发的经济赔偿累计超过10亿美元。至今影响最大的案例是DVD播放机专利联合许可系列纠纷，中国的DVD播放机厂商为此支付给日本、美国、欧盟企业结盟的6C联盟（日立、松下、东芝、胜利公司、三菱电机、时代华纳）等30多亿元人民币，并还将继续支付数百亿元人民币。2002年，中国机电产品出口企业因专利赔偿造成损失近200亿元人民币，占机电产品出口总额的1.5%，约占机电产品出口利润的30%（原松华，2005）。中国企业在众多领域遭受的跨国知识产权纠纷可谓是一波未平，一波又起。

表2-1 外国利用专利起诉中国企业侵权的案例

时间	事件
2003年1月	思科起诉华为，称华为涉嫌盗用、抄袭思科拥有知识产权的文件和资料，并侵犯思科的其他多项专利
2003年2月	北汽福田公司生产的农用拖拉机和割草机因涉嫌侵犯美国公司专利被提起"337调查"
2003年3月	美国辉瑞公司以侵犯伟哥专利为由申请对包括7家中国公司在内的15家企业进行调查
2003年4月	美国劲量控股和Eveready电池公司根据《美国关税法》第337条款，以侵犯其无汞碱性电池生产技术专利权为由，向美国国际贸易委员会（United States International Trade Commission，USITC）起诉南孚、双鹿等7家中国电池生产厂商，要求展开"337调查"[①]

---

① "337调查"源自美国的《1930年关税法》的第337节。该"337条款"明确授权美国国际贸易委员会在企业提出申诉的前提下，对进口中的不公平贸易做法进行调查和裁处，有权禁止这些产品进入美国市场。"337条款"中所针对的不公平贸易做法并不限于知识产权的侵权。但几乎所有的"337调查"案件都涉及知识产权问题，主要指进口到美国的货物存在侵犯美国有效的专利权、商标权、版权或集成电路芯片布图设计专有权等的行为。

续表

时间	事件
2003～2004 年	2003 年，通用指控奇瑞 QQ 外观侵权大宇 Matiz，QQ 车与大宇 Matiz 及雪佛兰 Spark 整车和核心零部件的设计存在惊人的相似，绝大多数零部件甚至具有相互替换的现象。据此，通用立刻展开了对奇瑞 QQ 外观设计是否侵权的调查。2004 年 12 月 16 日，通用再度出手，并选择通用大宇汽车和技术公司作为诉讼主体，就"奇瑞公司提供在太平洋汽车网等网站上的，用以向中国消费者证明奇瑞 QQ 车属于安全车辆的照片实际上是一辆 Matiz 车"为由，以"其他不正当竞争"向上海市第二中级人民法院提起诉讼。该案由最高人民法院指定北京市第一中级人民法院管辖，2005 年 5 月 6 日，北京市第一中级人民法院正式立案受理了美国通用汽车公司旗下的韩国通用大宇汽车和技术公司（简称"通用大宇"）起诉奇瑞公司不正当竞争纠纷一案，通用大宇向奇瑞索赔 8000 万元人民币。通用还在北美洲、马来西亚和黎巴嫩对奇瑞公司进行了"法律围堵"，通用不惜动用政府资源在多国起诉奇瑞公司，其成本已逾其要求赔偿的 8000 万元人民币[①]
2005 年 1 月	美国芯片制造商 SigmaTel 在得克萨斯州起诉珠海炬力集成电路设计有限公司（简称珠海炬力公司），指控后者侵犯了它有关便携式 MP3 播放器用系统级芯片（SoC）控制器的数项专利。珠海炬力公司于 2005 年向美国零售市场付运了 MP3 播放器 IC。而 SigmaTel 利用此次诉讼，寻求美国禁止进口任何使用了珠海炬力公司 IC 的产品。此外，SigmaTel 还要求珠海炬力公司对其损失进行补偿，并请求法庭禁止珠海炬力公司在美国设计、制造和销售涉嫌侵犯专利的 MP3 IC。SigmaTel 将请求美国国际贸易委员会提供所有可能的帮助，包括责令美国海关停止进口采用珠海炬力公司的 MP3 IC 播放器[②]
2006 年 2 月	日本爱普生公司在美国状告了 24 家中国颇具规模的通用耗材制造企业，指控这些公司销售的墨盒侵犯了爱普生的专利[③]
2010 年 7 月	中国是全球最大的通用打印耗材制造商，其生产的打印耗材产品可以广泛地应用在佳能、爱普生、惠普、三星等品牌打印机上，能大幅降低打印成本，使其产品在国际市场很是畅销，产业持续保持快速增长。针对中国一些耗材企业在美国市场销售的激光打印机用鼓粉盒，佳能向美国国际贸易委员会提起了"337 调查"和诉讼，指控中国纳思达公司涉嫌侵犯了佳能两项打印机硒鼓专利[④]

---

① 通用大宇接受专访 就奇瑞声明作出回应. http://www.maiche.com/news/detail/56876.html [2014-12-25].
② 跨国公司矛头直指中国企业 如何不被专利玩死？http://www.cnetnews.com.cn/2005/0311/178516.shtml [2005-03-11].
③ 最终结果：24 家中国墨盒厂商将惨别美国市场. http://www.cnbeta.com/articles/tech/25560.htm [2007-04-26].
④ 佳能对中国耗材企业发起 337 调查. http://www.cnetnews.com.cn/2010/0707/1803544.shtml [2010-07-07].

续表

时间	事件
2014年10月	本田技研工业株式会社在广州市中级人民法院起诉广州飞肯摩托车有限公司，诉其侵犯了本田一项专利号为 ZL200930190118.5、名称为"摩托车"的外观设计专利[①]
2016年7月	美国照明科学集团公司一纸诉状将深圳珈伟光伏照明股份有限公司及珈伟科技（美国）有限公司告向了加利福尼亚州法院，提起专利侵权起诉（Lighting science group corporationv. Shenzhen Jiawei & Jiawei USA, 3: 16-cv-03886）。美国照明科学集团公司诉称深圳珈伟光伏照明股份有限公司的一种 LED 筒灯（产品号：DLS03-06E30D1E-WH-F1）为对其所有的美国专利 No.8201968（"968专利"）、No.8672518（"518专利"）和 No.8967844（"844专利"）三项专利侵权，并申请临时禁令以禁止侵权产品继续进口至美国境内，以及禁止已进口产品继续销售[②]

资料来源：部分案例来源于陆阳和史文学（2008），其他案例来源于笔者整理

知识产权纠纷的增多，反映了中国企业自主创新能力的欠缺。中华人民共和国国家发展和改革委员会对外经济研究所的调查报告发现，目前93%的中国企业不搞自主创新，规模以上的工业企业中有3%的企业没有研发投入和研发能力，对国外技术的依存度非常高。另有调查表明，目前中国对外技术依存度高达50%，而美国、日本仅为5%左右（王红茹、孙冰，2008）。

技术研发是申请专利保护的根本，没有研发，没有技术，也就缺乏申请专利的资本，中国企业面临国际知识产权纠纷的窘境也就难以扭转。企业产品在试图出口到海外或企业试图到海外投资时，常常会受到来自国外的知识产权诉讼，因自身缺乏专利的保护，只能处于被动挨打的局面。因此，缺乏专有技术已经成为严重制约中国本土企业拓展海外市场的因素之一。

[①] 中国民营企业如何应对国际巨头的专利诉讼？ http://news.ycwb.com/2015-10/23/content_20789159.htm [2015-10-23].

[②] LED 产品遭诉讼为何未公告？珈伟股份董秘如是回应. http://www.sohu.com/a/107964618_128242 .[2016-07-28].

回顾与总结

专利不仅在保护知识产权方面的用途极为显著，跨国公司间如火如荼的专利大战显示了专利在打击竞争对手、蚕食竞争对手利润、缩小竞争对手市场份额过程中的重要作用。没有专利保护便去开拓市场的企业犹如未穿铠甲便去征战沙场的骑士。

英国崛起的历史已经明确地告诉我们，知识产权保护对于一个国家来说是多么重要。保护知识产权就是保护民族创新的灵魂，是一个国家保持持续竞争力的根本。但是，对于中国这样一个改革开放后民用技术近乎一穷二白的国家来说，一开始便强调保护知识产权或许并不可取。尤其是在20世纪90年代前，进口国外设备、利用国外技术是中国经济实现快速增长的重要条件之一。那个盗版侵权横行的年代也是中国经济最具活力的年代。但是，依靠低技术含量的投资拉动型经济增长已经走到了尽头。在现有生产技术的限制下，投资对产出的边际贡献率不断走低，生态环境承载力也走到了极限。中国必须由工业经济时代走向知识经济时代才能找到新的经济增长点。李克强同志2014年9月在夏季达沃斯论坛上表示，要在960万平方千米土地上掀起"大众创业""草根创业"的新浪潮，形成"万众创新""人人创新"的新态势。中国在以创业、创新作为发展的主基调后，如果继续放松知识产权保护，那么无疑会伤害国民自主创新的热情。因此，在中国未来的发展历程中，加强知识产权保护、保护创业者独特的创新成果不为他人侵占才是发展的关键。

但是，我们不得不承认的是，目前我国多数企业对于知识产权的重视程度仍旧不足，不但没能很好地保护自身的技术，甚至频繁非法侵占他人的科技成果。由于技术水平的限制，多数国内企业仍旧缺乏专利布局的基础。尽管许多企业已经申请了一定数量的专利，但无论从数量、技术含量，还是从专利申请国家的范围来看，这些专利都不足以在国内和国际市场上为企业搭建可靠的保护伞。因此，上述跨国公司间的专利大战对多数国内企业来说感觉都太过遥远。

我国当前的法律对侵权知识产权的惩罚力度不足，也是企业不重视知识产权的重要原因之一。例如，我国1985年和1993年版本的《中华人民共和国专利法》就专利侵权仅笼统地规定：专利管理机关处理专利侵权的时候，有权责令侵权人停止侵权行为，并赔偿损失；侵夺发明人或者设计人的非职务发明创造专利申请权和本法规定的其他权益的，由所在单位或者上级主管机关给予行政处分。显然，上述法律规定对于专利侵权的处理办法极为模糊，甚至介入行政力量对侵权行为加以约束，而从未涉及侵权的经济性惩罚措施。2001年版本的《中华人民共和国专利法》相比过去有所改进，对罚款金额进行了规定，但是，上限五万元人民币的罚款对于通过专利侵权获利的厂商来说属于九牛一毛。尽管2008年版本的《中华人民共和国专利法》将赔偿上限提高到了一百万元人民币，但这一经济惩罚力度相较于一些力度较大的侵权所得仍显不足，根本不足以遏制住猖獗的专利侵权，使得企业难以以战略的眼光重视专利。由上述《中华人民共和国专利法》的演进历程可以看出，我国对专利保护的程度日趋增加，但惩罚的力度仍然有限。目前，我国正在进行新一轮的《中华人民共和国专利法》修改，此次修改主要针对专利权保护。此轮修改后，专利法中有望引入专利侵权惩罚性赔偿机制，将加倍赔偿专利权人因被侵权造成的损失，并对各类侵权行为的赔偿办法做具体规定。

随着我国法律为知识产权提供保护的程度不断提高，国内企业的创新能力不断提升，技术积累日趋增加，专利布局日趋完善，以专利为手段展开激烈的市场竞争的时代迟早都要到来。华为、中兴等国内一流IT（互联网技术）企业已经在国内外申请了大量专利，形成了粗具规模的专利布局，国内企业间激烈的专利竞争这一天或许在现在看来已经并不遥远，届时专利的强大用途才能够真正显现。

第二篇
中国企业专利行为

第三章
中国企业的技术竞争力

第一节 国内企业的专利申请量与国际竞争力

尽管中国的专利制度建立时间较晚,但《中华人民共和国专利法》历经数次修改已经日臻完善,不仅如此,在《中华人民共和国专利法》不断完善的同时,我国的专利申请数量的增长也极为迅速。自1985年《中华人民共和国专利法》实施至今,我国的专利申请总量超越新的百万级大关的时间大致分别为15年、4年、2年,专利申请数量几乎呈现出指数化增长趋势。以下内容将对这种快速增长趋势进行细致的说明。本书首先考查我国企业的三类专利——发明专利、实用新型专利和外观设计专利的申请情况。如图3-1所示,我国企业早期申请的三类专利的数量维持在一个较低的水平,年均申请量甚至不足1万件,自约2000年开始快速增长,而后几年中三类专利的增长速度越来越快,尤其是实用新型专利,2008年后增长的速度在三类专利当中最快,年均申请量突破了40万件,相较于2000年前增加了40多倍,由此可见,近些年我国专利的申请量增长得极为迅猛。

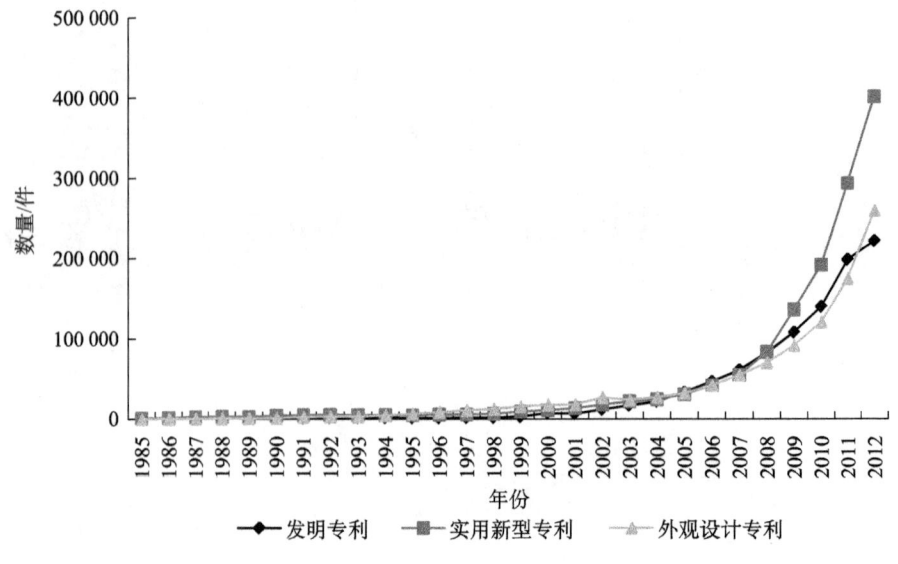

图 3-1 我国企业 1985～2012 年申请的三类专利数量

接着，本书再来考察我国企业三类专利申请量的比重随时间变化的趋势。由图 3-2 可以看出，我国企业三类专利申请量的比重呈现出波浪式的变化趋势：在我国专利制度建立之初，发明专利和实用新型专利的比重较高，外观设计专利比重极低，但随着时间的推移，外观设计专利的比重逐年上升，并在 1995～2000 年一举超过了发明专利和实用新型专利的总和；自 2002 年开始外观设计专利的比重又开始逐年降低，发明专利和实用新型专利则呈现出先下降后上升的变化趋势，但相比之下，发明专利所占比重在整个 20 世纪 90 年代都维持了一个较低的水平；自 2001 年开始，发明专利所占比重呈现出递增趋势，但近些年又有缓慢下降的趋势。总体来看，在我国专利制度建立的早期，我国企业发明专利的申请量低于实用新型专利，企业以申请实用新型专利为主，但近些年两者的比重相当，企业申请了大量的发明专利，这可能是我国企业的技术创新能力正在日益显著提升的一个重要标志。鉴于发明专利的技术原创性程度最高，以下本书专门考察企业的发明专利申请情况。

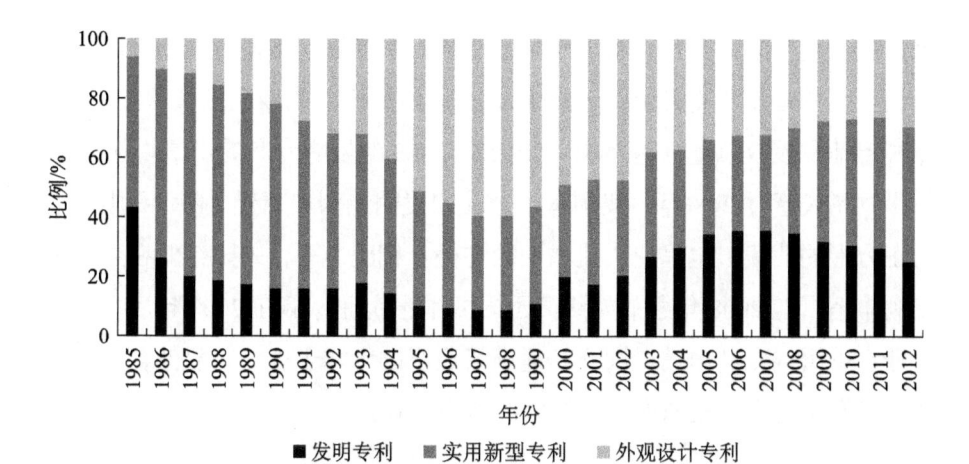

图 3-2　我国企业 1985～2012 年三类专利申请量比重

发明专利是对产品、方法或者其改进所提出的新的技术方案；相比之下，实用新型专利对专利申请人技术发明的创造性要求不高；外观设计专利与上述两类专利的含义及其指代则有本质上的不同，外观设计专利是对专利申请人所设计的产品的形状、图案、色彩或者其结合所做出的富有美感并适于工业应用的新设计，其保护的内容更少涉及技术革新层面。因此，人们一般认为发明专利申请量是更具技术创新能力代表性的指标，本书在下文中也将多以发明专利为主要分析对象，考察我国专利申请量的增长情况。如图 3-3 所示，该图中的三条曲线给出的分别是我国 1985～2012 年全部企业、国内企业和国外企业专利申请量的变化趋势。自 1985 年专利制度正式建立以来，我国国内经营的各类企业的专利申请量和授权量都在逐年递增，但是，这种增长趋势在 2009 年前并不十分明显，专利申请量增长速度较慢。而自进入 20 世纪 90 年代以来，各类企业的专利申请量和授权量的增长速度开始迅速加快，进入 2000 年以后，各类企业的专利申请量开始进一步加快增长，2011 年的年均发明专利申请量已经超过了 40 万件。随着知识经济的到来，以及我国国际化进程的不断加快，专利在保护与开拓国内外市场方面的重要性凸显，尤其是在开拓国际市场与外贸出口方面。由于我国企业遭受的知识产权诉讼越来越频繁，越来越多的企业开始意识到申请专利的必要性，这使得我国国内企业申请专利的动机日益增强，我国各地区、典型产业的专利数量快速上升，专利申请和授权总量高速增长。2000～2009年发明专利的申请量连续10年平均增长超过24%[①]。我国本土企业的发明专利申请量（图3-3中节点为正方形的曲线）也呈现快速增长的态势。相比之下，外国企业在中国的专利申请量在2008年之前始终高于国内本土企业，但在2009年后，外国企业在中国的专利申请量则开始逐渐落后于国内本土企业，显然，外国企业的专利申请的增长速度不如国内的本土企业。

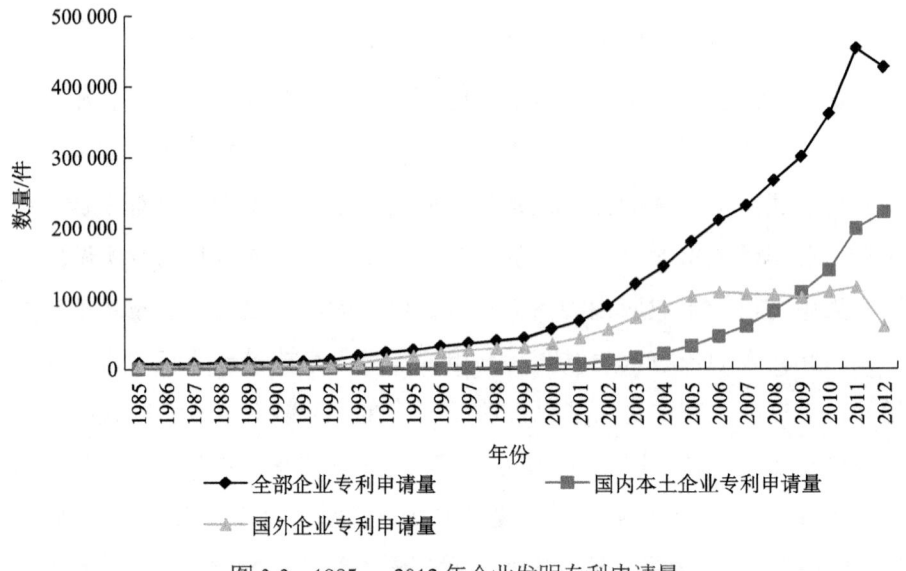

图3-3 1985～2012年企业发明专利申请量

图3-4能够进一步说明专利申请量的增长速度问题，由图3-4可以看出，国内本土企业申请发明专利的比重相较于国外企业上升的速度极快：在2000年前仅相当于国外企业的10%左右，但是仅仅用了9年的时间，到2009年，国内本土企业同国外企业的专利申请量比重突破了1:1，而到2012年两者已经接近了4:1。不仅如此，国内本土企业在国内各类申请人当中的专利申请比重也呈现缓慢上升趋势，尤其是在1998年后，这

---

① 根据中华人民共和国国家知识产权局（SIPO）专利数据库中的数据计算得到。

种上升趋势变得尤为明显，企业申请的专利数量在各类申请人，包括个人、高等院校和科研院所等，当中所占的比例由 1998 年的不足 20% 上升到了 2012 年的 60%，可见，我国正由高等院校和研究机构为主体的专利申请向以企业为主体的专利申请过渡。事实上，我国的企业在过去的经营活动中并不十分注重专利申请，但是，随着时间的推移及中国于 2001 年加入 WTO，中国本土企业面临的海外知识产权诉讼案件数量日益上升，正规化的企业管理及开拓国际市场的需要使得拥有一定数量的专利成了企业的一项重要任务。此外，随着知识经济时代的到来，技术创新在企业发展中正扮演着日益重要的角色，发挥着日益重要的作用，我国企业对研发活动的投入力度正日趋增加，许多企业不惜花重金从海外聘请研发人员。由此可见，国内本土企业专利申请量的增加一方面是由于其现代化与国际化经营意识的提升改进了其专利申请的意识，另一方面也是由于国内本土企业自身技术创新能力的提升增强了企业专利申请的意愿。

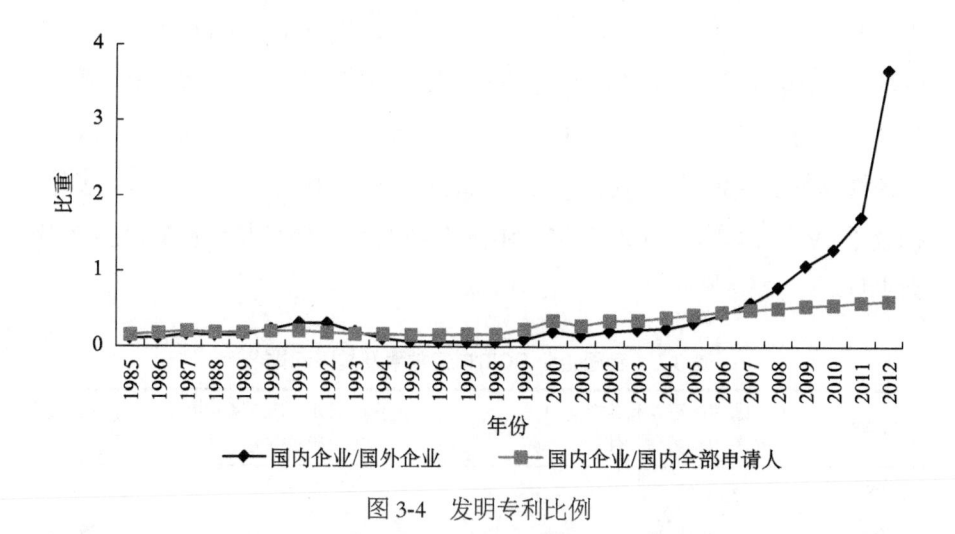

图 3-4　发明专利比例

无论从哪个视角看，一个公认的事实是，我国的专利申请量自 2000 年左右进入了快速增长的阶段。首先，人们一般认为，专利的该增长趋势也与我国经济发展的趋势相一致，尤其是在中国加入 WTO 之后，出口导向型的经济增长方式使得我国的经济得以快速增长，加快经济发展方式转变和建设创新型国家理念的不断深入，为中国各类创新主体提供了良好的创新环境，也为知识产权融入国家经济发展提供了制度基础。其次，专利的快速增长还与我国企业在技术研发领域的大量投入和技术创新能力的快速提高有很大关系，自20世纪80年代起，中国大陆涌现出了一大批诸如华为、中兴、联想、京东方等高技术企业，随着这些企业自身创新能力的不断提升，企业的专利申请动机也在迅速上升。最后，专利的快速增长也与我国相关部门的政策引导与资金支持有关，如我国的国家高技术研究发展计划（863计划）、国家科技攻关计划等重大计划项目，都增加了以发明专利的获得为立项目标和验收指标，我国的科技计划项目管理设立了专门的管理经费，作为计划项目中科技成果申请发明专利和维持专利费用的补助。

不仅在国内，中国企业在国际上的专利申请数量也在飞速上升，如表3-1所示，中国企业的国际专利合作协定（patent cooperation treaty，PCT）[①]数量不断攀升。1999年，中国企业的国际PCT申请量排在全球18名开外，总PCT申请量仅有100多件，而到了2013年，中国企业的PCT申请量已经上升到了全球前10名，总的专利申请量已经高达18 000多件，相较于1999年增长了150多倍。中国专利的快速增长趋势在其他国家极为少见。

表3-1 我国企业PCT申请数量及其国际排名

年份	企业在国内申请专利并提交PCT申请数量/件	全球排名	企业在国外申请专利并提交PCT申请数量/件	全球排名
1999	30	18	89	27
2000	85	16	206	25
2001	79	18	208	26

---

① 专利合作协定是专利领域的一项国际合作条约，主要涉及专利申请的提交、检索及审查，以及其中包括的技术信息的传播合作性和合理性。PCT不对"国际专利授权"，授予专利的任务和责任仍然只能由寻求专利保护的各个国家的专利局或行使其职权的机构掌握。

续表

年份	企业在国内申请专利并提交PCT申请数量/件	全球排名	企业在国外申请专利并提交PCT申请数量/件	全球排名
2002	135	17	339	25
2003	132	19	384	24
2004	200	21	1 167	21
2005	313	18	1 750	20
2006	350	17	2 214	18
2007	761	15	3 133	17
2008	574	17	4 043	17
2009	640	15	4 633	16
2010	1 107	12	6 889	11
2011	2 289	9	10 952	10
2012	2 068	9	15 204	9
2013	2 923	7	15 880	9

资料来源：根据历年发布的 *Intellectual Property Statistics* 整理得到，网址为 http://www.wipo.int/ipstats/en/。

第二节　华为、中兴、联想的技术竞争力

华为、中兴和联想是中国最具代表性的三家 IT 企业。联想是中国科学院计算技术研究所投资成立的企业，这为其带来了不少优势，如技术、知识产权与贷款担保支持等方面，而那时候偏隅于深圳，仅靠几万元起家的华为和中兴只能"望其项背"。

20 世纪 90 年代，我国 IT 界兴起了"技、工、贸"与"贸、工、技"的广泛争论，即究竟是选择以贸易优先还是以技术优先的企业发展战略。在联想内部，这种争论显得尤为激烈。后来，联想力推"贸、工、技"战略。仔细分析联想在那时的境况，若真要强力推行"技、工、贸"或许不切实际，因为联想主营的个人计算机（PC）市场所涉及的零部件产品，

从硬盘到主板、从 CPU 到内存，技术基本上都已经极为完善，技术改进空间并不大[①]。若联想执意搞芯片自主研发的设想很可能把联想推向绝境，因为巨大的研发投入是当时处于起步阶段的联想难以承受的，不仅如此，不成熟的产品开发出来后投入批量生产后若出现质量问题，对于企业来说将是毁灭性的打击。因此，在经过了一番激烈的争论之后，联想最终选择了"贸、工、技"的企业发展路线，即选择以贸易优先的企业发展战略，企业的核心发展思路被确定为"生产大众化的电子产品并广开销路，迅速占领国内市场"。

中国高铁的发展历程中也出现过极为类似的情况。在高铁发展的萌芽期，巨额的研发经费投入到了自主研发高铁列车的过程当中，2007年，国内出现了包括"中华之星""蓝箭""长白山"等拥有完全自主知识产权的一系列国产高铁列车，然而，在高铁列车试行与正式运行的过程中，"中华之星""蓝箭""长白山"等无一例外地屡次发生故障[②]。相比之下，铁道部主导的从欧盟、加拿大和日本引进的高铁技术在中国的试验过程则极为成功，铁道部组织大量相关研发人员就外国的高铁技术开展科研攻关工作，不仅在外国高铁技术的基础上成功地做了改进，使中国迅速掌握了高铁技术的自主知识产权，而且正跃跃欲试地将中国的高铁技术向海外出口。

上述事实说明了一个深刻的问题：当市场中存在现成产品或存在技术引进的捷径时，理性的企业应当学会如何整合现有资源，在经济全球化深深影响着中国经济发展的时代，完全依靠自主研发并不是一条可取的路径。但是，有一点不可否认的是，由于各行各业之间的差距往往十分巨大，即使是在 IT 行业内，不同领域对待研发应有的态度也是千差万别的。在任正非刚刚创业的时代，交换机技术并不是什么太了不起的技术。正因为如此，华为将所有研发资源都集中在了通信类业务上，为了在该类产品

---

① 柳传志与倪光南 恩恩怨怨的联想. http://www.people.com.cn/GB/channel129/28/20000205/276.html [2000-02-05].
② 刘志军的高铁遗产. http://www.ftchinese.com/story/001037078?page=2 [2011-02-23].

上获得自主知识产权，任正非冒险将华为的所有资金投入到了自主创新研发数字交换机技术上。此时，大部分研究人员都是"半路出家"，甚至不得不人手发一本普及交换机国内规范的小册子并及时翻阅才能开展工作。本应在1993年春节前完成的交换机迟迟没有研发成功，华为面临着资金链断裂的危险。任正非私下对身边人表示，如果此次研发失败，华为的资金链将会断裂。但是让人觉得不可思议的是，经过一番辛苦的研发，华为终于在1993年末成功地开发出了C&C08交换机。C&C08交换机的价格比国外同类产品低2/3，为华为迅速占领国内外市场立下了汗马功劳[①]。华为在交换机产品领域取得了成功，与其说是任正非近乎偏执地坚持"技、工、贸"路线成就了华为，不如说是华为选对了研发方向。试想一下，如果华为专注的不是数字交换机，而是电脑CPU芯片技术的研发，或许就不会有今天的辉煌。与华为极为相似的另一家IT巨头是中兴，其坚持的也是"技、工、贸"路线，且经营的产品与华为极为类似，最后也取得了辉煌的成就。

由于所处的产业领域差异较大，研发活动在企业经营当中的战略地位也有很大的不同，华为、联想、中兴的研发投入的差异亦十分巨大。由图3-5可以看到，在三家企业2007年的研发投入当中，联想是最少的，为10.42亿元人民币，而当时华为的研发投入为71.42亿元人民币，中兴为30.30亿元人民币，联想的研发投入仅仅为华为的1/7和中兴的1/3。虽然研发投入的差距十分巨大，但是，从规模上看，当时三家企业的差距并非如此之大。

行业与形势决定了企业的选择，华为、中兴与联想完全相悖的战略从当时各自面临的形势来看，在各自所处的行业之中都是最优的。但是，从技术的表征看，战略选择上的差异或许是联想落后于华为和中兴的主要原因。再次回到专利上来，专利申请量往往能够反映企业对研发活动的重视

---

① "古稀"任正非：21000元创立华为 曾差点跳楼. http://money.163.com/13/1230/08/9HB2JHHS00253G87.html [2013-12-30].

程度，也能够反映企业的技术竞争力。当企业拥有较多原创性的技术时，一般更倾向于为其技术申请专利。

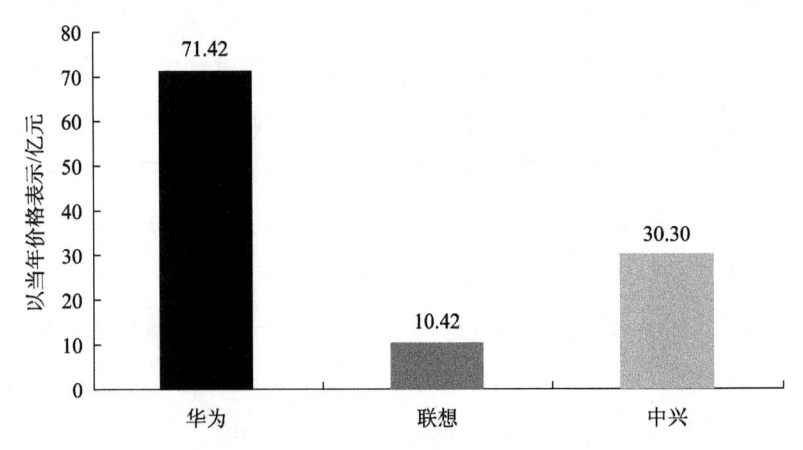

图 3-5　2007 年华为、联想、中兴研发投入额对比
资料来源：根据 2007 年《中国工业企业数据库》中数据统计得到

以下本书以专利申请量为指标考察上述三家企业的技术竞争力。在中国早期对技术研发重视程度不高的阶段，大多数企业的专利申请量较低，但随着研发投入的不断增加，中国企业的专利申请量开始大幅度上升。但是，由于经营环境及经营理念的差异较大，不同企业对待研发和专利申请的态度仍然千差万别。本书分别以"华为技术""中兴通讯""联想"和"北京"为检索条件，在国家知识产权局专利数据库中分别检索其每年申请的发明专利数量，并从中删掉非上述三家企业申请的发明专利，发明专利的检索日期是 2015 年 6 月 6 日。联想首次在国家知识产权局申请专利的时间是 1990 年，比华为早了 5 年，比中兴早了 6 年[①]。但是，此后专利申请量的发展则完全出乎意料，华为、中兴在专利申请量上完全占据了上风，如图 3-6 所示，华为、中兴的专利申请量自约 2000 年开始突飞猛进，相比之下，联想 1995～2010 年的专利申请量几乎没有太大变化，始终维持在极低的水平，只是从 2011 年才开始显著增长，但已经被华为和中兴远

---
① 由国家知识产权局专利数据库检索得到。

远甩在后边。联想2012年和2013年的专利申请量较高，这可能是由于联想那时逐渐开始重视技术研发，增加了技术研发投入，因此其专利申请量也开始显著增长。三家公司的专利申请差距不仅体现在国内，联想在海外的专利申请也远落后于华为和中兴，关于这点，本书将在后文深入展开。因此，从专利申请量反映出来的技术的积累方面看，联想无疑落后于华为和中兴[①]。

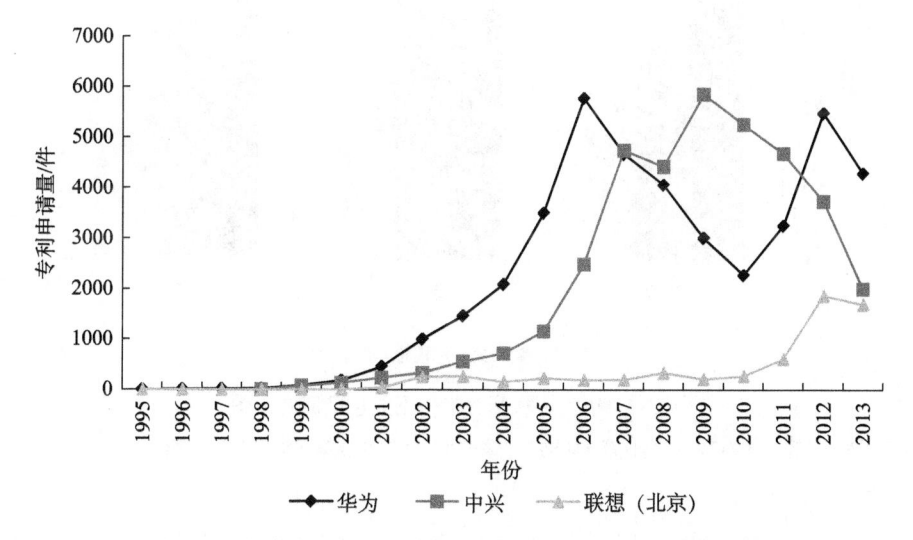

图 3-6　华为和中兴在国家知识产权局申请的发明专利数量

技术积累的差距可能是三家企业日后发展前景不同的原因。本书选取了三个年份对比三家企业在规模方面的差异变化。如图3-7所示，从工业总产值方面看，1995年联想低于华为但高于中兴，2002年联想略高于华为，到了2009年则再次低于华为，且与华为的差距明显要大于1995年和2002年。本书所选取的三个年份当中，中兴与联想在工业总产值方面的差距在逐步缩小。图3-8给出的是联想、华为和中兴2009年、2002年和1995年的从业人数对比柱形图，从从业人数方面看，1995年联想的员工

---

① 以上结论所基于的一个事实是：技术积淀越深的企业的专利申请量越高。这点对于研发投入动辄几十亿美元甚至上百亿美元，几万件乃至几十万件专利拥有量的跨国公司，如IBM、三星、英特尔、微软、惠普来说，都极为适用。

规模要略低于中兴，且远低于华为，三家公司员工规模的差距在 2002 年和 2009 年进一步拉大。因此，通过分析工业总产值和从业人数可以看出，联想逐渐落后于华为和中兴，而且有证据显示这种差距正在逐渐拉大。

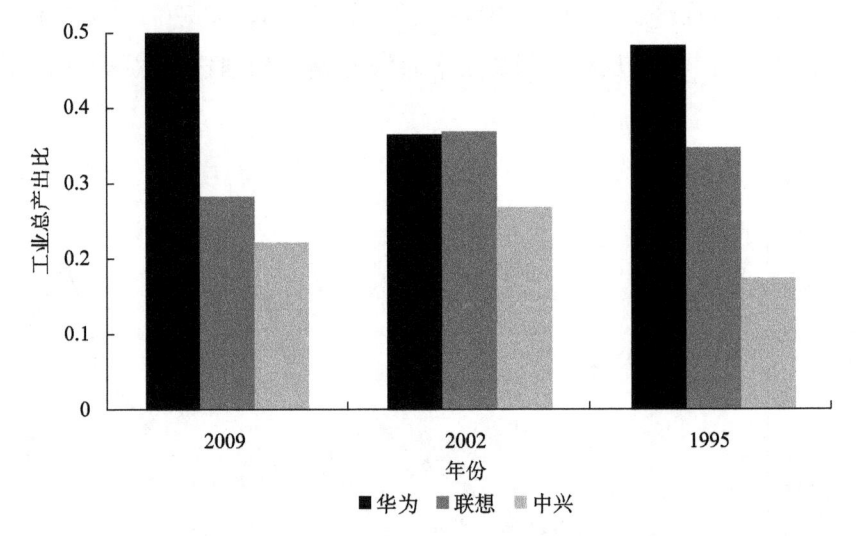

图 3-7　华为、联想、中兴工业总产值对比图

注：计算公式为第 i 家企业第 n 年的工业总产值 / 3 家企业第 n 年的工业总产值

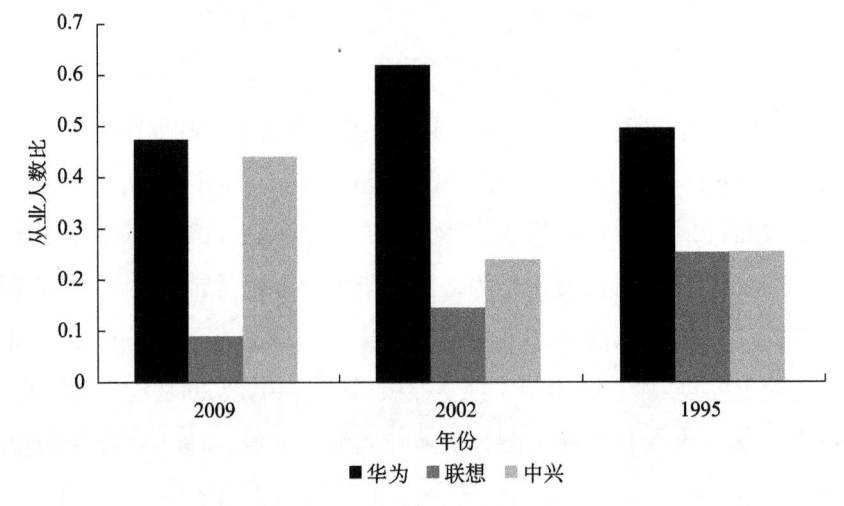

图 3-8　华为、联想、中兴从业人数对比图

资料来源：根据 2009 年、2002 年、1995 年中国工业企业数据库中的数据统计得到，计算方法同图 3-7。

上述对比或许会对我们理解市场与技术两者之间的关系有所启示，即企业若想在市场上保持持续的竞争力，坚持对技术的敏感度与对研发的执着力是必要而且是十分重要的。

本书或许依然不能排除，所处的行业不同导致了对研发活动重视程度的不同。对于联想来说，PC相关技术几乎皆已进入标准化阶段，核心技术都已被微软、英特尔等跨国公司巨头所垄断。在这种情况下，PC相关技术的技术创新投入的成本极高，而且研发失败的概率极大，而相比之下，华为和中兴的数字交换机技术进入门槛低，使得这两家公司通过自主研发能够迅速掌握核心技术。但是，企业对研发活动的惯性认识往往决定了其进入其他领域的战略选择，无论该技术领域是应该以"技、工、贸"的发展路线为主，还是应该以"贸、工、技"的发展路线为主，企业都有可能依据其过去对各自所属产业的一贯认识去选择发展路线，关于这个问题本书将在下一节做进一步说明。

第三节　国内企业专利策略对比——以国产智能手机厂商为例

本节将研究领域转向现今比较火热的智能手机产业，并将本书选取的企业的分析范围扩大。随着移动互联网时代的到来，诺基亚、摩托罗拉等传统手机巨头由于未能跟上智能手机技术的发展潮流而相继倒闭，这时候国际智能手机产业的重组为国产手机厂商带来了新的商机，大量国内本土企业涌入了智能手机领域，并迅速抢占了国内乃至国外中低端智能手机市场。尽管利润远低于国外一线移动互联网巨头，如苹果、三星等，但是，单从市场的占有率看，国内的智能手机厂商在国际市场上的表现毫不逊色，排名世界前十位的手机智能厂商当中，有8家是中国厂商。国内新起的手机巨头不仅包括联想、华为、中兴、TCL、步步高（vivo手机制造商）、宇龙

（酷派手机制造商）等国内知名信息技术企业，更包括后来居上的小米等新品牌。由表3-2可以看出，这几家企业的国际市场份额基本上不相上下，尤其是排在前列的联想、华为、小米三家企业，在国际智能手机市场上的占有率都在5%左右。目前全世界几乎每个角落都能找到国产智能手机品牌。

但是，一个不可忽视的问题是，国内智能手机厂商基本都是从其他相关产业转向智能手机产业的，由于之前未关注或较少关注手机技术，几乎所有的国内智能手机厂商都仅仅是组装厂商，而未能掌握手机的核心技术。不得不承认的事实是，尽管国产手机品牌的市场占有率很高，但是，在当前的智能手机市场中，高端芯片的专利掌控在高通和英伟达等公司手中，触摸屏的专利掌控在夏普和康宁等公司手中，摄像头的专利掌控在索尼等公司手中。因此，国产智能手机厂商更多地扮演着组装者的角色，通过与元器件厂商达成协议，将各种元器件拼装之后冠以自己的品牌进行销售，这种生产与经营模式的弊端显而易见：产品价格本身较低、市场利润微薄、核心专利缺乏，不仅如此，国内手机厂商还必须从微薄的利润中拿出高额的专利许可费付给国外厂商[①]。尽管国内手机厂商非常辛苦且非常努力，但大部分的利润却仍然被掌握着核心技术的海外跨国公司轻松拿走。

表3-2 排名世界前十位的国内智能手机厂商全球智能手机市场占有率

（单位：%）

厂商	2015年第一季度	2014年第四季度	2014年第二季度	2014年第一季度
联想	5.5	6.6	5.2	5.0
华为	5.1	6.6	5.2	6.4
小米	4.4	4.6	5.1	5.1
中兴	3.5	3.6	3.5	3.0
酷派	3.4	4.0	4.0	3.9
TCL/阿尔卡特	2.8	4.5	—	—
vivo	2.7	3.1	—	—

注：TCL/阿尔卡特和vivo智能手机未进入全球手机销量前十名，因此未做统计

资料来源：Quick Notes from Smartphone Wars - Kodak, Nintendo, Lenovo and Blaupunkt. Communities Dominate Brands. http://communities-dominate.blogs.com/brands/page/7 [2016-11-18]

---

① 国产手机"走出去"关键在专利. http://www.itmsc.cn/archives/view-51989-1.html [2014-06-23].

在智能手机领域的核心技术皆已经被国外跨国公司垄断的情况下，国内企业进行技术创新的空间十分有限。国内手机厂商大部分都是基于国外的核心手机技术从事批量生产活动，而且面临的都是中国这样一个需求巨大的市场。由此，与上一节当中的对比分析不同的是，以下内容将是基于相同行业、相同市场，且在相对公平的技术环境下所做的对比。而上一节中的三家IT公司——华为、中兴和联想——所处的技术领域显然存在一定差异。

本书单独挑选出与手机产业密切相关的专利进行深入对比，为此，本书将各企业申请的与手机技术相关的专利检索出来单独进行分析。鉴于目前尚未有专门针对手机技术的专利分类，本书分别挑选出专利标题和摘要中包含"手机"一词的专利。尽管这样会漏掉大量标题和摘要中不带有"手机"一词却是手机技术的专利，但这样可以保证过滤掉与手机技术无关的专利，通过执行该检索条件检索出来的专利至少可以被认为全部是与手机技术相关的专利。图3-9和图3-10中给出的分别是以标题中带有"手机"一词和摘要中带有"手机"一词为检索条件检索出来的七大国产手机厂商在国家知识产权局申请的手机相关领域的专利数量。由图3-9和图3-10可以看出，小米、酷派、vivo和联想的专利申请量极低，远低于其他三家企业，即华为、中兴和TCL。这与上述四家企业较高的市场占有率显然极不相称。相比之下，中兴占据了手机市场近乎一半的专利申请量，TCL和华为紧随其后。

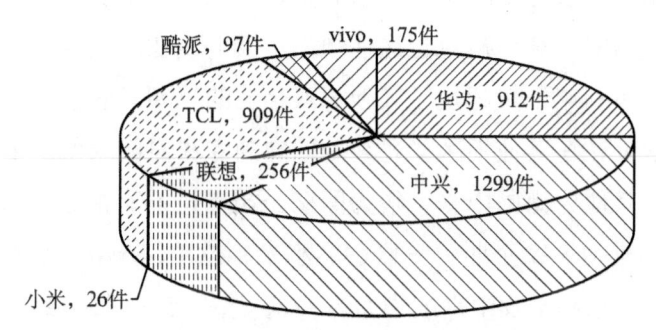

图3-9 七大国产手机厂商在国家知识产权局申请的标题中带有"手机"一词的发明专利、实用新型专利和外观设计专利总量

（酷派，97件；vivo，175件；TCL，909件；华为，912件；联想，256件；中兴，1299件；小米，26件）

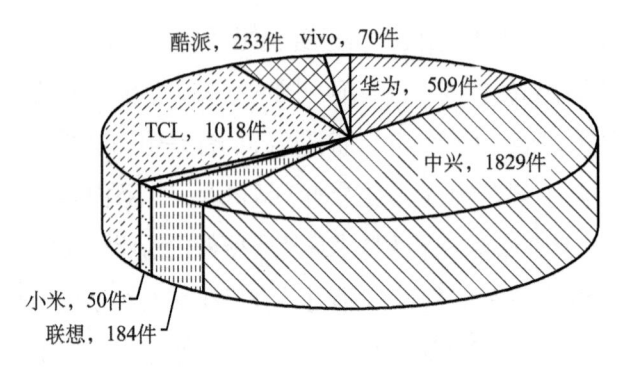

图中数据：
- 酷派，233件
- vivo，70件
- 华为，509件
- TCL，1018件
- 中兴，1829件
- 小米，50件
- 联想，184件

图3-10 七大国产手机厂商在国家知识产权局申请的摘要中带有"手机"一词的发明专利、实用新型专利和外观设计专利总量

本书再来考察一下上述七家企业总体的专利申请情况，即不再局限于智能手机产业，而是将视角扩展到这些企业经营的其他产业：中国最具代表性的两家IT企业——中兴和华为——在信息与通信技术领域有着很深的技术积累，尤其是在数字交换技术方面；联想更专注的是PC业务，是国内最大的PC生产制造商；宇龙此前专注于寻呼编码设备的生产研发；相比之下，步步高的涉足则更为广泛，经营的产业包括电子商务、商业地产、便利店、电器等各行各业；只有小米自诞生之日起便致力于智能手机业务，但是，小米是2010年刚刚成立的公司，因此技术积累十分有限。

由图3-11可以看出，华为、中兴两家公司在国内的总的专利申请量最多，占据了7家企业申请专利总量的80%以上，不仅如此，两家企业在美国和欧盟的专利申请量也遥遥领先于其他企业。尤其是华为，在美国和欧盟的专利申请量超过了其他6家企业的总和。联想除了在日本有较好的表现外，在其他地区，尤其是国内的专利份额远低于中兴和华为两家公司。其他厂商同中兴、华为两家公司更是不能相比。除了华为和中兴之外的其他5家企业——联想、小米、TCL、vivo、酷派——的国内专利申请量总和不及中兴或华为的1/2，这一点在图3-12～图3-14中清晰可见。

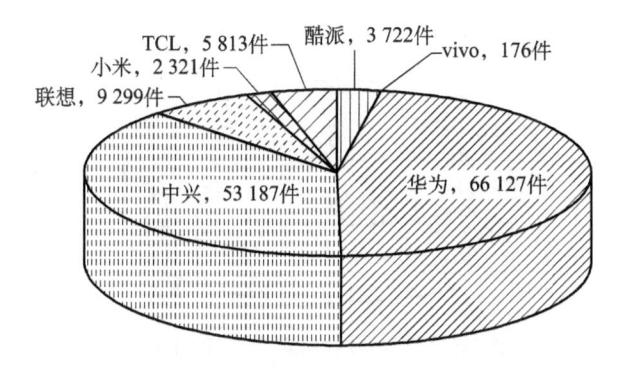

图 3-11　七大国产手机厂商在中国国家知识产权局申请专利量
注：图 3-9 ~ 图 3-11 皆以"申请人"为检索条件

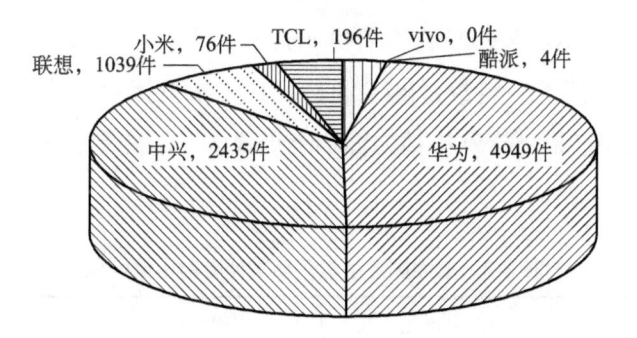

图 3-12　七大国产手机厂商在美国专利及商标局申请专利量

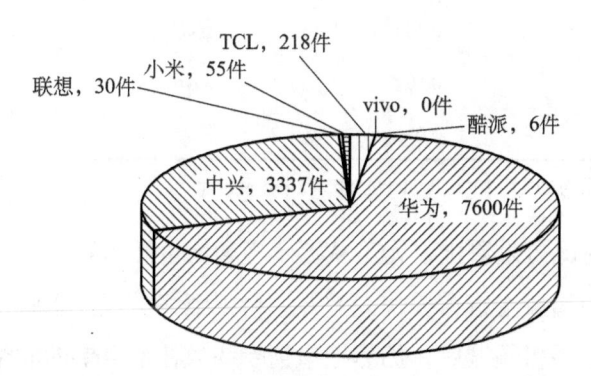

图 3-13　七大国产手机厂商在欧洲专利局（EPO）申请专利量

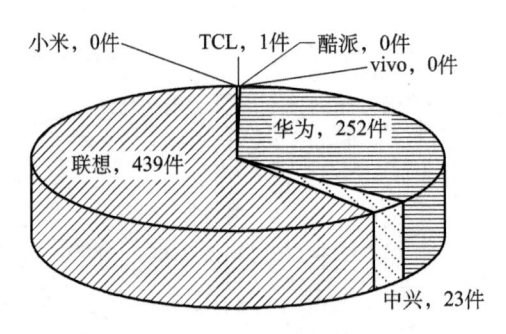

图 3-14　七大国产手机厂商在日本专利局（JPO）申请专利量

从海外专利申请方面看，七家企业间的差距也是极为明显的。由表3-3可以看出，华为在海外申请专利的比重最高，其次是联想和中兴。相比之下，酷派和vivo海外专利申请份额几乎为零。由此可见，尽管酷派和vivo在国内申请了一定数量的专利，但其技术发挥效力的范围仅限于国内，两家公司在海外专利申请方面的意识薄弱，海外专利申请工作仍然需要加强。

表 3-3　七大国产手机厂商国外专利申请份额

手机厂商	国外	手机厂商	国外
华为	0.194	小米	0.056
联想	0.162	酷派	0.003
中兴	0.109	vivo	0
TCL	0.071		

注：表内数据为 EPO、JPO、USPTO 的专利申请量加总

由上述对比可以看出，无论从哪个视角衡量和考察，国内智能手机厂商间在专利申请量上皆存在较大差异。自始至终重视技术研发的华为和中兴在进入智能手机领域后，仍然把申请专利放在很重要的战略位置。相比之下，小米、酷派、vivo和联想尽管拥有与华为、中兴不相上下的市场份额，但其专利申请量与中兴、华为相比差距巨大，这一方面可能反映出了两类企业在技术创新能力方面的差异，但更重要的是，两类企业对于技术

创新活动及专利申请活动的认识存在根本差异，企业更倾向于用过去的经营理念去开发一个新的产品领域。

由此可见，企业对技术研发活动的认识是具有一定惯性的，前期经营活动对研发重视程度不足会影响到后续的研发投入，前期申请专利较少的企业，进入新的行业后的专利申请量依然不高。从短期看，企业的市场经营活动并未受到太大影响，但是，由于长期缺乏专利保护和知识产权，这些企业所受到的专利诉讼威胁无时不在；从长期看，这种威胁定会给企业的市场经营活动带来负面影响。譬如，由于瑞典电信业巨头爱立信公司在印度起诉小米公司侵犯其专利权，因此小米手机始终难以打开印度市场。在完善的市场经济体制下，专利与市场往往是相辅相成的，很少有一家企业单靠开发市场或是单靠申请专利就能在一个国家畅通无阻，我们看到的更多的是拥有较大市场份额的企业往往也拥有较高的专利申请量。专利作为专有技术的保护手段，在保护企业市场方面的作用尤为突出。因此，多数跨国公司会向开拓业务市场的所在国家申请大量专利。显然，华为、中兴对此是有着较深的认识的，不仅其市场份额扩展到了海外，而且在市场所在国申请了大量专利。相比之下，小米、酷派、vivo这些企业对专利的重视程度仍未能上升到战略高度。

第四节　中国最大的专利巨鳄

中国最大的专利巨鳄究竟是谁？是华为、中兴这些高技术企业，还是另有其他企业？经过一番搜索，我们得到的答案却是富士康这家被称为全球最大的代工厂的企业。富士康不仅是全球最大的制造型企业，也是中国大陆地区仅次于华为的专利申请第二大户。截至 2010 年底，富士康全球专利申请累计 134 300 件。2005～2013 年，富士康连续 9 年名列大陆地区专利申请总量及发明专利申请量前 5 强，2003～2016 年，富士康连续

14年高居台湾地区专利申请及授权数量榜首；2006～2016年，富士康连续11年在美国专利核准量排行榜位居华人企业前列[①]。但是，令人不解的是，富士康作为全球第一大代工厂，在生产流程完全透明、生产成本完全公开、市场利润极为微薄的情况下，竟还会掌握如此多的自主知识产权的技术，这实为一个奇迹。

但是，在中国多数的代工厂中，在一线工作的熟练工人熟知并掌握着一些生产技巧，这些生产技巧是一线工人在长期的生产运作中逐渐累积下来的生产加工经验。在看似平凡的流水线生产过程中，他们当中有许多人对工艺流程的改进都有着自己的看法。富士康大陆知识产权负责人谢志为曾说过："大家觉得制造没有技术，其实制造从材料的选择，从模具刀具的设计和开发，以及制造方法的开发，这里蕴藏了非常多的技术。"富士康正是注意到了这些看似微不足道的技术，充分激发并利用了每个工人革新生产技术的积极性，复杂的诸如电脑、手机，简单的诸如按键、包装盒等，富士康都在时刻不停地进行着技术创新。由此可见，技术创新其实距离我们并不远，它经常会诞生在企业日常的生产过程当中。而对于我国多数企业来说，尚未形成这种通过积累日常生产经验，改进工艺流程最终达到技术创新目的的意识。表3-4中给出的是富士康在国家知识产权局申请的部分产品包装盒方面的专利及其摘要内容。这些微不足道的包装技术被许多国内加工企业所忽略，但是，富士康却注意到了这些生产加工技术，它是最早将这些技术变成文字图表，并到国家知识产权局申请专利的企业之一。富士康申请的专利从PC到手机，从无线通信到模具装置，几乎涵盖了其从事过加工制造的所有的技术领域，而在这些多数领域当中，富士康给人的印象仍然是一家加工制造企业。富士康不仅将日常生产过程中积累的生产经验和工艺流程改进经验申请了专利，还建立了广泛遍布于亚洲、美洲和欧洲的技术研发网络，使得富士康以自己独特的方式在精密机械与模具、半导体、云运算、液晶显示、三网融合、计算机、无线通信与

---

① 智慧产权. http://www.foxconn.com.cn/WisdomProperty.html [2017-01-01].

网络等产业领域都占据着技术领先地位。

但是，非常令人疑惑的是，作为全球生产能力如此之强的代工厂，富士康却从未直接向市场推出过自己的高科技产品。没有自己的品牌产品上市，是不是就不会面对知识产权诉讼？而且，申请如此多的专利带来了巨额的专利申请和维护费用，维持如此之多的专利的专利权，富士康的意图究竟在哪里？为了阐述清楚其中的原因，本书以下将从企业利用专利布局施行的防御战略和进攻战略视角分别展开说明。

表 3-4 富士康申请的部分包装盒类专利

申请号	名称	摘要
CN200710202312.0	包装盒	本发明提供一种包装盒，其包括相互配合的一个外容置体和一个内容置体。所述内容置体包括第一部分和第二部分。所述第一部分包括一个承载板，分别可转动地连接在承载板两端的两个第一活动板及分别可转动地连接在两个活动板边缘的两个第一连接板。所述第二部分包括一个底板，分别设置在底板两边的两个侧立板，可转动地连接在所述底板相对两边两个第二活动板及两个分别可转动地连接在所述第二活动板上的第二连接板。所述两个第二活动板、两个侧立板及底板形成一凹槽。所述第一部分的承载板及活动板收容在第二部分形成的凹槽内。所述内容置体通过其第一连接板连接在所述外容置体内。本发明的包装盒，可使其收纳的物品自动升降，方便取放
CN200810300024.3	包装盒	本发明涉及一种包装盒，其具有两个侧板。所述包装盒底部有两个承载部，所述每个承载部具有一个顶面、一个与所述顶面相对的底面、一个与所述包装盒侧板接触的第一侧面和一个与所述第一侧面相对的第二侧面。所述侧板底端所述包装盒内延伸弯折依次形成所述底面、所述第二侧面、所述顶面及所述第一侧面。所述顶面和所述第二侧面部分向所述承载部内凹陷形成一个缺口
CN200710202768.7	包装盒衬盒结构	一种包装盒衬盒结构，其包括多个容置区及分布于容置区的多个弯折线。所述每一容置区均具有一个底板及多个侧板，所述底板与侧板之间以弯折线区隔。所述包装盒衬盒展开时为一个一体的矩形板，所述底板及侧板不与其他部分相邻的外缘均为所述矩形板的边界。所述包装盒衬盒结构简单，制作简易且高效，有助于降低制作成本

续表

申请号	名称	摘要
CN201220259033.4	包装盒	一种包装盒，用于包装线缆，所述包装盒包括整体呈柱状的壳体及供线缆缠绕固持的线扎，所述壳体设有收容空间，所述线扎收容于所述收容空间内，所述线扎设有供线缆缠绕的线管，所述线管两端设有用以限定线缆的挡板，所述壳体设有用以固定线扎的限定部，所述挡板除了可以限定线缆缠绕的范围之外，还可以更好地保护线缆，且外壳跟挡板配合固定后可以更好地保护线缆
CN201020181888.0	连接器的包装盒	一种连接器的包装盒，其设有若干容置空间，各容置空间用于放置一连接器，所述连接器包括主体部及设置于主体部相反两侧的导电端子，导电端子的尾部延伸出主体部，且导电端子的尾部在垂直方向上间隔排列，所述容置空间设有底壁及自底壁向上延伸的若干侧壁，所述侧壁包括相对设置的第一侧壁与第二侧壁，第一侧壁凹设有收容导电端子的第一凹槽，第二侧壁凹设有收容导电端子的第二凹槽，第一凹槽设有第一底面，第二凹槽设有第二底面，所述第一底面与第二底面在垂直方向上具有一定的间距，所述间距与导电端子的尾部在垂直方向上的间隔距离相等，该种设计，保证了连接器放置的正确性，从而确保产品到客户处能够正确地与客户的电路板焊接在一起
CN02202344.5	电连接器的包装盒	一种电连接器的包装盒，其主要由一纵长状基体构成，该基体包括正反面辨识装置，若干第一承接部及第二承接部，其中第一承接部是一镂空区，沿其镂空区四周内边缘上分别设有第一凸起以承接电连接器，而该第一凸起与电连接器相接合的面为第一承接面，沿其中三个第一承接面上设有第一凹槽。第二承接部是一中间具有隔板的实心区，其内部结构与第一承接部相似，也设有第二凸起、第二承接面及第二凹槽。辨识装置设置在第一承接部的镂空区内，且该辨识装置为一实心直角三角形结构，其两直角边是与设有第一凹槽的两内侧缘相接。该辨识装置可便于操作者区分该包装盒的正反面，防止操作者将电连接器反装而产生将电连接器压坏的不良效果或影响电连接器的包装效率
CN201020171632.1	包装盒	一种包装盒，其包括相互配合的两盖体，各盖体设有若干侧壁，所述相邻侧壁的连接处设有转角，其中各盖体在其内侧面凸设有若干凸肋，在转角处设有若干凹槽，该种设计之包装盒在包装产品时不需要贴胶带，只需要扣合即可，减少了工时，且降低了包装成本

从专利的防御战略视角看，海量的专利为富士康撑起了一把可靠的技术保护伞，大大降低了富士康作为全球最大的加工制造商被许多跨国公司起诉的风险。当受到其他企业的专利进攻或者竞争对手的专利对自身的经营活动构成妨碍时，企业需要依靠自身持有的专利打破市场垄断格局、改善竞争被动地位（冯晓青，2007）。富士康依托其海量的专利为自身提供知识产权保护主要体现在以下两个方面。

（1）拥有大量专利降低了富士康被起诉的直接风险。富士康所服务的高科技企业数量众多，这些高科技企业彼此间经营着相同或者相似的业务，如苹果，以及早期的诺基亚、戴尔和惠普等。富士康服务于某家企业产品的技术，常常被用到另外一家企业产品的生产过程当中，由此可能会涉嫌泄露和使用被服务企业的专有技术以服务于其他企业。那么先前被服务的企业很可能因此起诉富士康涉嫌专利侵权。因此，出于技术防御的目的，富士康将可自主控制范围内的技术变为专利是十分必要的。很少或几乎没有高科技企业客户因技术侵权直接起诉过富士康，在很大程度上要归因于富士康拥有的海量专利为其撑起了一把有效的技术保护伞。

（2）拥有大量专利降低了富士康被连带起诉的间接风险。在高度竞争的市场环境中，专利是大型跨国公司相互抢占对方市场的重要武器和工具。跨国公司在意图打击竞争对手时，首要的进攻方式往往是到它所在国家的法院向对方发起专利侵权诉讼。近些年，专利诉讼大战在跨国公司间进行得如火如荼，诸如苹果和三星、诺基亚和苹果、微软和谷歌等，都是当前新闻中经常报道的专利诉讼的主角。这些大型跨国公司的产品多数都有富士康代加工的身影，富士康深深参与其中。当跨国公司间爆发专利大战时，富士康往往难以独善其身，很可能会成为被跨国公司连带追责的对象。例如，当年苹果和三星相互指控对方盗用自己的智能手机专利设计，并在全球相互提起专利诉讼，这个案件涉及富士康用于液晶显示器（LCD）的产品，如电视机、笔记本电脑、平板电脑和智能手机生产的多项专利①。微软为了打击谷歌公司的安卓平台系统,于 2011 年在美国华盛顿州起诉了富士康和英业达两家公司,指控它们生产的安卓电子阅读器和平板电脑侵犯了微软公司的专利,由此富士康不得不向微软公司支付未披露金额的专利授权费用,以获得微软专利的使用权②。尽管富士康拥有的专利在该案例中未能起到有效的防御作用,但这个案件对富士康大有启发,此后富士康更加强调专利资产的"活化",将多年来伴随制造业形成的技术资产转换为具有市场价值的智慧财产,用以提升自身运作的整体经济效益。至此,富士康开始利用自身掌握的海量专利由被动地防御转向主动地进攻。

战略进攻的例子是:富士康是苹果手机最大的代加工企业,但是,随着富士康最核心的客户——苹果——不断地分流订单,富士康的业务受到了极大的威胁。在此情况下,富士康利用其专利在背后策划了苹果的敌对阵营谷歌安卓的代加工布局。富士康曾经有过类似的经历。当年最大的客户摩托罗拉沦落后,富士康 2008 年的业绩惨淡、股价大跌,总裁郭台铭不得不重回富士康一线主持局面。尽管苹果的进驻为富士康再度带来了辉煌,但富士康变得更为小心谨慎。为了应对苹果的转单,富士康将其通信领域的部分专利技术打包出售给了谷歌,期望与谷歌在网络通信等领域展开合作。此外,富士康还利用其专利开始向海外企业发起技术攻势。2014 年 6 月,富士康向美国特拉华州联邦地方法院对日本的东芝、三菱电机、船井电机发起专利诉讼,起诉它们侵犯了其用于电视机、显示器、智能手机、笔记本电脑和平板电脑显示面板的相关专利③。

富士康能够在竞争激烈的国际市场中有效地展开专利防御与进攻战

---

① 富士康在美起诉东芝等公司侵犯自己专利. http://tech.163.com/14/0626/20/9VMNHJ5F000915BD.html[2014-06-26].
② 微软与鸿海签专利授权协议 涉及 Android 和 Chrome. http://www.cnetnews.com.cn/2013/0417/2155055.shtml[2013-04-17].
③ 富士康在美国起诉东芝等 3 家日本公司侵权. http://tech.sina.com.cn/it/2014-06-25/21189458812.shtml[2014-06-25].

略，很大程度上得益于其在国内外技术市场中掌握的海量专利。郭台铭曾经说过："一个没有技术研发，无法积累智慧财产的制造企业，是不会有前途的。它所规划的所谓商业模式，都只会昙花一现。"

第四章

企业的一般专利行为

第一节　中外企业专利行为对比

一、跨国公司的专利战略：市场未动，专利先行

跨国公司在面对一个新兴国家的产品市场时，有着丰富的市场开拓经验，其中最重要的一点表现为跨国公司不仅注重开发新兴国家的产品市场，同时注重开发新兴国家的技术市场。甚至由于种种原因在产品市场还未来得及开发的时候，跨国公司已经开始想办法通过申请专利来抢占新兴国家的技术市场了。表4-1中给出了一些具体案例，选取了一些跨国公司首次在中国设立子公司的时间与首次在国家知识产权局申请专利的时间。通过对比分析第二栏与第四栏中的时间可以发现，部分跨国公司在中国专利制度刚刚成立时便申请了大量专利，这之中以日本的公司为甚，如松下公司、索尼公司、本田公司等。索尼公司更是于1985年《中华人民共和国专利法》正式生效时便一鼓气申请了179项专利，松下公司和本田公司也分别在中国申请了93项和18项专利。这可能主要是由于日本与中国的地理距离相对较近，而且同属于亚洲国家，为日本实时跟踪了解中国知识产权制度、市场变迁等提供了便利，使得日本能够更加及时地捕捉到重要信息并快速进入中国市场。表4-1中给出的跨国公司在国家知识产权局首次申请专利的时间普遍早于其正式进入中国市场的时间，如松下公司、索尼公司、福特公司、通用汽车公司等。其中，福特公司尽管于1995年才进入中国市场，但其在中国的专利布局早在9年前的1986年便已开始。表4-1中的其他跨国公司尽管在中国申请专利时间相对较晚，但正式进入中国产品市场的时间间隔并不长。通过较早申请专利，跨国公司能够在新兴国家及时建立起技术保护伞，从而使其产品得以在新兴国家市场顺利销售而不受知识产权诉讼的潜在威胁。由此可见，跨国公司普遍有着丰富的专利运营经验，能够将技术市场放在与产品市场同等重要的地位。

表4-1　海外跨国公司在中国首次申请专利时间及在中国设立子公司时间

公司名称	首次申请专利年份	首次申请专利数量/项	首次在中国设立子公司时间
松下公司	1985	93	1987年在中国设立第一家合资工厂，1994年成立松下电器（中国）有限公司
索尼公司	1985	179	先后于1980年、1985年、1994年、1995年在北京、上海、广州和成都设立了办事处和客户服务机构，1996年索尼（中国）有限公司在北京正式成立
微软公司	1995	3	1992年在北京设立代表处
英特尔公司	1985	11	1985年在北京设立代表处
本田公司	1985	18	1982年起开始与中国企业进行技术合作生产摩托车，1998年合资成立广汽本田汽车有限公司
福特公司	1986	7	1995年成立福特汽车（中国）有限公司。福特公司由于特殊的原因未能较早进驻中国，但其专利布局早就开始了
通用汽车	1985	3	1997年成立合资上海通用汽车有限公司

跨国公司丰富的专利运营经验与高度的专利战略意识值得多数中国本土企业学习。专利战略被认为是企业占据竞争优势、获取最佳经济利益的秘诀，并成为企业经营发展战略的重要组成部分（冯晓青，2001）。相比之下，多数中国本土企业对海外的产品市场往往更为感兴趣，经常更多地考虑先去抢占国外的产品市场，而对开拓海外的技术市场几乎从未做过考虑，更谈不上任何专利战略布局的问题。其中，中国的外贸出口就是一个生动的例子，尽管中国品牌的出口产品多以低技术附加值的加工贸易产品为主，但是由于在海外缺乏知识产权保护，中国出口的产品仍免不了面临海外的知识产权诉讼。企业一旦在某个国家败诉便很快会丢掉这个国家的产品市场。

一些拥有知名品牌的国内本土企业，如海尔、海信、美的等，拥有着较高的专利战略意识。如表 4-2 所示，海尔在北美洲和欧洲建立电冰箱工厂或出口电冰箱时，也在相应国家的专利局及时申请了专利，海信和美的产品市场与技术市场并行的举动同海尔类似。但是，相较于表 4-1 中跨国公司在中国首次申请专利的时间，国内本土企业在海外首次申请专利的时间相对较晚，普遍集中在 2000 年之后，这也反映出中国本土企业作为后起之秀，同外国的跨国公司在技术创新能力方面仍然存在较大差距。

表 4-2　我国部分企业首次建立海外分支机构时间与首次申请海外专利时间

企业名称	产品首次出口欧美国家及在欧美国家建立分支机构的时间及经过	在分支机构所在国申请第一件相关专利时间及名称
海尔集团	1994 年，海尔集团在美国南卡来罗纳州开姆顿市的海尔工业园破土动工，主要生产电冰箱，园区占地 700 亩[①]，年产能力 50 万台，于 1999 年建成，2000 年正式投产	2001 年在 USPTO 申请专利 "Freezer with drawer below（Application Number: D/137，876）"
	1990 年，海尔集团首次向德国出口 2 万台电冰箱，从而打开了欧洲市场；2001 年，海尔集团并购了一家意大利电冰箱工厂，在此基础上成立了海尔意大利电器有限公司，主要从事电冰箱生产	2001 年在 EPO 申请专利 "A Horizontal refrigerator with a drawer（Application Number: EP20010944871 20010409）"

① 1 亩 ≈ 666.7 平方米。

续表

企业名称	产品首次出口欧美国家及在欧美国家建立分支机构的时间及经过	在分支机构所在国申请第一件相关专利时间及名称
海信集团	海信美国分公司成立于2001年，位于美国佐治亚州，同年在佐治亚州成立了海信北美研发中心，进行产品研发和技术创新	2007年在USPTO申请专利"Television receiver（Application Number: D/286, 877）"
海信集团	自2002年开始，海信集团即在意大利建立全国性销售网络直接销售海信牌产品，于2006年在意大利都灵正式成立海信意大利分公司；于2007年在荷兰成立欧洲电视研发中心；于2011年成立海信德国公司；并于2012年正式启动了位于米兰的意大利新总部	2004年在EPO申请专利"Composite refrigerator having multi-cycle refrigeration system and control method thereof（Application Number: EP20040797376 20041124）"
美的集团	2000年前即开始向美国市场出口家电类产品	2002年在USPTO申请专利"Faucet for a drinking-water dispenser（Application Number: 10/096, 608）"
美的集团	2000年前即开始向欧洲市场出口家电类产品	2011年在EPO申请专利"Door height adjusting mechanism and refrigerator comprising the same（Application Number: EP20110179495 20110831）"

二、中国某印刷公司与美国安提公司的专利纷争

中国有些企业未能考虑在发达国家申请专利，一方面可能是由于自身技术创新能力不足，难以生产出有技术含量的产品，从而不具备在海外申请专利的能力；另一方面也可能是由于中国企业对出口过程中可能产生的知识产权纠纷的思考与准备不足，尽管已经具备了申请专利的技术创新能力，但并不重视在海外申请专利。以下以中国某印刷公司遇到的美国安提公司的知识产权海关保护备案事件为例对这个问题进行说明。

安提公司是注册于美国俄亥俄州的一家专门经营相册的公司。该公司于20世纪60年代初发明了一种条带相册，其特点是可以平整地翻开，有活页设计，并且可以自由拆装。由于安提公司为设计的相册申请了专利，在专利的保护下，其在20世纪60～80年代得以独家经营条带相册。但是，由于专利为其包含的技术提供的保护期限是有限的，当该项专利到期

终止以后，美国本土出现了很多模仿安提公司相册生产工艺的强大的竞争对手，美国的美西公司就是其中之一。1996年，美西公司与中国某印刷公司达成了合作协议，协议规定由中国某印刷公司依照安提公司业已失效的专利生产相册，然后美西公司向中国某印刷公司进口条带相册并供应美国本土市场。但是，安提公司为了保护自身利益，于1998年对美西公司提起诉讼，状告其侵犯了自身的专利权。同年7月30日，俄亥俄州南部美国地方法院对该诉讼案件经过仔细审理后，最终判决安提公司败诉，并判定安提公司对条带相册产品的专利权已终止，已无任何知识产权。安提公司随即向美国联邦第六巡回法院上诉，但上诉请求依然于1999年被驳回。然而，安提公司并未就此作罢，于2001年4月在国家知识产权局申请了外观设计专利，于2001年12月授权。而后，安提公司又以该产品在中国申请并获得外观设计专利为由，向中国海关提起知识产权海关保护备案。所谓知识产权海关保护备案，是指知识产权权利人按照《知识产权海关保护条例》的规定，将其知识产权的法律状况、有关货物的情况、知识产权合法使用情况和侵权货物进出口情况以书面形式通知海关总署，以便海关在对进出口货物的监管过程中能够主动对有关知识产权实施保护。一旦有企业针对一批货物发起知识产权保护备案，海关部门则有权力扣押该批货物，待调查清楚后再行决定是否对该批货物放行。不久，中国某印刷公司准备出口到美国的相册于2002年3月在深圳被海关扣押。某印刷公司的货物被扣押了3个多月，造成的损失高达200多万元人民币。而后，中国某印刷公司以安提公司该项专利在美国保护期届满为由，向国家知识产权局提交了专利无效申请。直到2003年6月，国家知识产权局才正式公布了专利权无效的决定。

从表面上看，中国某印刷公司在应对美国安提公司知识产权海关保护备案时所采取的措施较为合理，但是，某印刷公司的反应速度仍然偏慢。倘若某印刷公司就其产品生产工艺在国内也申请了相关专利，或者就安提公司申请的专利于2001年12月公开后立刻向国家知识产权局提出异议，则可能会避免其货物被海关扣押3个月的境遇。显然，中国某印刷公司不仅对于国外技术市场，而且对于国内技术市场的动向也缺乏敏感性，未能及时检索相关领域专利并及时发现问题。为了保持对技术市场的敏感性，中国企业需要在密切注意国际市场动向的同时，还应密切注意其所在领域的技术动向，而这无疑需要前期进行科学的专利分析工作。因此，定期访问 USPTO、EPO、JPO、国家知识产权局等主要专利申请机构，检索和分析相关专利技术应当成为一项日常性的工作。而就现在看，多数国内本土企业在这方面所做的工作仍然不足，在面对突如其来的海外专利诉讼时极为被动。不仅如此，国内企业往往在诉讼到来之后才去思考应对办法，预防海外诉讼风险的意识不够。多数国内本土企业在遭受海外专利诉讼后较少汲取经验教训，甚至在处理完一件诉讼事件后也不会去考虑如何规避技术风险。例如，某印刷公司在2003年遭遇上述事件前竟然一项专利也未申请过，且在事件过后相当长的一段时间内也没有想过去申请任何一项专利。一直到2011年，某印刷公司才向国家知识产权局提交了16项专利申请。

　　某印刷公司的案例反映了我国大多数企业对待知识产权的消极态度。就目前来看，我国多数企业仍较少用战略眼光看待知识产权，申请专利的动机也不强，总认为专利可有可无，甚至带着逃避的态度对待专利申请和技术发明，认为专利侵权诉讼很难降临到自己头上。即使是降临到了自己头上，许多企业也抱着侥幸不会被惩罚的心理。由于当前我国法律的维权过程极为困难，对专利法执行不利的情况普遍存在，且存在广泛的地方保护主义，多数企业申请专利的意愿不高，也增加了企业专利侵权的可能。此外，企业对于自身在生产过程中累积和改进的技术往往也忽略了通过申请专利进行保护。可见，企业较少申请专利一方面与企业知识产权保护意识淡薄有关，另一方面也与我国当前对知识产权的保护不利有关。但是，一旦企业的产品走出国门，面临知识产权诉讼的概率就会大增。在中国国内行之有效的一套企业经营潜规则在国外往往行不通。

三、天津海鸥表业集团有限公司的海外专利维权之路

1955年，新中国第一只国产手表诞生于由四位修表师傅组成的手表试制小组之手。两年之后，政府牵头组建了天津手表厂。天津手表厂生产出了中国第一只航空表、第一只女装表、第一只出口手表、第一只获得国际金奖的中国手表……经过了半个多世纪的探索和发展，昔日的天津手表厂经过重组成立了天津海鸥表业集团有限公司（简称海鸥集团）。数十年间，海鸥集团为中国的手表产业赢得了无数的荣誉。

然而，即使是这样一家技术过硬的老牌企业，在走向国际化的过程中竟也惹上了数次知识产权官司。瑞士的巴塞尔钟表展是世界上最大的钟表珠宝展之一，每年都会云集数以十万计的专业卖家和近2500家国际媒体。海鸥集团几乎每年都会在巴塞尔钟表展上展出最新产品。但是，海鸥集团在巴塞尔钟表展上也经常会成为许多海外的钟表厂商攻击的对象，多次被海外钟表厂商以侵犯知识产权名义提起诉讼，表4-3中列举了海鸥集团最近一些年所遭受的最主要的几次诉讼的经过和结果。

表4-3　海鸥集团在巴塞尔钟表展上遭受的主要专利诉讼

年份	事件经过	结果
1996	海鸥集团因为一款手表的外观和某国际知名品牌相似被对方起诉侵权	因之前没有申请过专利，海鸥集团以败诉告终。后来，海鸥集团在公司内部建立了知识产权部门
2008	瑞士制表业顶级公司——历峰集团属下独立制表人格勒拜尔·福尔斯向组委会提出申诉，认为海鸥集团参展的一款双陀飞轮手表侵犯了他拥有的专利权，违反了《瑞士联邦专利保护法》。海鸥集团积极应对，详细阐述了其并不存在专利侵权的事实	由瑞士手表专家担当的鉴定师做出的鉴定结论认为，格勒拜尔·福尔斯专利证书上的核心特性不存在于海鸥集团的争议产品内，海鸥集团展出的双陀飞轮手表没有违反《瑞士联邦专利保护法》[①]

[①] 国内企业打赢国际知识产权诉讼的经典案例——海鸥手表. http://bbs.pinggu.org/thread-1439442-1-1.html [2012-05-12].

续表

年份	事件经过	结果
2011	一家瑞士钟表企业投诉海鸥集团，提出其"陀飞轮不锈钢袖扣饰品"外观形状涉嫌侵权，要求将袖扣撤展并接受处罚。集团总工程师马广礼立刻把国内专利和瑞士专利证书的原件电传到瑞士，不到20分钟，所有材料均已齐备。证据资料显示，这款袖扣的外观专利已于2009年6月26日在瑞士注册并获得注册证书，权利人是海鸥集团	瑞士巴塞尔国际钟表珠宝展知识产权委员会宣布，海鸥集团对这家瑞士企业的所谓"侵权"投诉提出反诉并获胜[①]

如果企业没有为其产品中的相关原创技术申请专利，在应对外来的知识产权诉讼时往往比较被动。从表4-3可以看出，海鸥集团从1996年的毫无专利保护的状态到2008年的据理力争，再到2011年申请并利用有效专利进行反诉，其应对海外知识产权诉讼的做法日益成熟、经验日益丰富。由图4-1可见，海鸥集团在2007年之前申请的专利数量极少。尽管成立了知识产权部门，但是，同上述的某印刷公司一样，海鸥集团在经历了1996年的专利诉讼后，并未立刻意识到专利保护的重要性，其专利申请量依然极少。2008年的第二次知识产权诉讼使海鸥集团开始真正重视企业的知识产权战略，不久便为其在中国授权的多项专利提交了PCT申请。几乎在同一年，海鸥集团在国内的专利申请量也开始迅速增长，如图4-1所示。

从专利总量上看，海鸥集团相较于一些国外制表企业已经占有了绝对的优势。例如，瑞典著名制表企业欧米茄公司在世界范围内申请的专利总量约为363项，低于海鸥集团的683项[②]。但是，海鸥集团的专利申请几乎全部集中在中国国内，其海外专利申请量极为有限，除了为其掌握的大约59项国内专利提交了PCT申请外，在EPO仅申请了一项专利，而在其他两大专利申请机构——USPTO和JPO的专利申请量为零。相比之下，

---

① 国内企业打赢国际知识产权诉讼的经典案例——海鸥手表. http://bbs.pinggu.org/thread-1439442-1-1.html [2012-05-12].
② 根据EPO、USPTO、SIPO、JPO专利数据库检索结果计算得到。

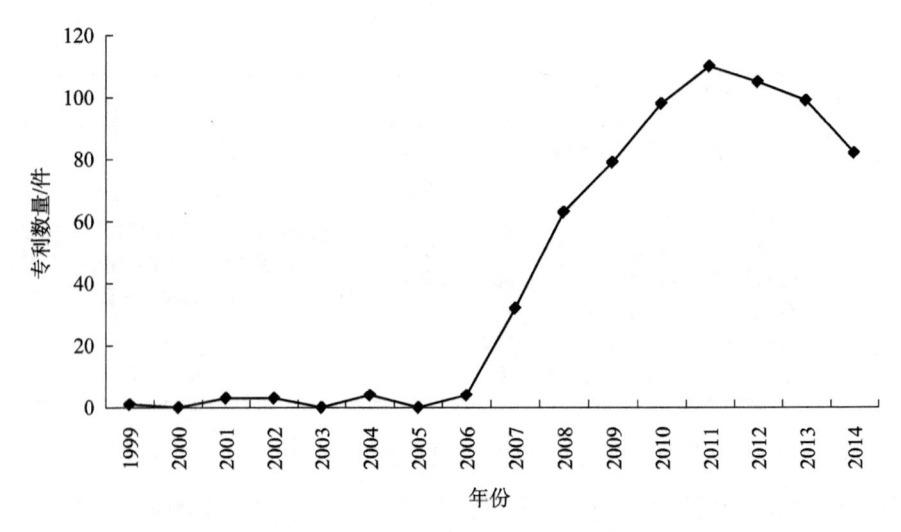

图 4-1 天津海鸥集团在国家知识产权局的专利申请量（发明专利+实用新型专利+外观设计专利）

欧米茄公司的专利申请则遍布世界各地，图 4-2 中给出的是欧米茄公司在 USPTO、JPO、EPO 和国家知识产权局的专利申请量饼状图。由图 4-2 可见，总部位于瑞士的欧米茄公司在中国的专利申请量最多，几乎占据了其全部专利申请量的一半，而在欧洲本土的专利申请量显然不如在中国的多。这反映出了欧米茄公司的国际化视野，这使其申请专利的范围不仅局限于一个地区，尤其是本国。因此，中国企业应该更多地向欧米茄公司学习，专利申请范围不应仅限于国内，应更加注重海外专利的申请。中国企业也不应该将海外专利申请看作是一项非常困难的工作，尤其是国内有实力的大型企业，更应该积极聘请拥有国际知识产权管理工作经验的人员为其积极申请海外专利。

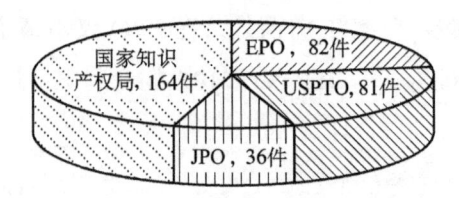

图 4-2 欧米茄公司在世界各主要专利机构的专利申请量

尽管专利在企业市场经营与竞争中起着重要作用，但不可否认的是，目前我国多数本土企业对专利与市场之间的密切关系认识不足。产品市场与技术市场应该是并行、互促互进的关系，而非此消彼长的关系。在开发海外产品市场的同时，国内本土企业更应该积极地去抢夺海外的技术市场。应该认识到，在激烈的国际市场竞争中，专利不仅是保护企业当前现有市场份额的防卫工具，更是积极参与国际竞争、开发国际市场的利器。国内本土企业对专利不能再持有像过去一样的认识，认为专利可有可无，而是应该将对专利的认识提高到战略层面。这不仅是国内本土企业获得持续的国际竞争力的根本所在，更是其在中国国内知识产权制度不断完善、专利执法力度不断加强的大背景下，继续经营下去的必然选择。

第二节　中国特有的专利投机行为

专利作为保护专有技术的有效手段在保护和鼓励技术创新方面发挥了重要作用。但是，不可否认的是，由于我国当前的社会体制不健全，许多政府部门将专利持有量作为地区技术创新能力的标志，并将其同地方官员的政绩相关联，这使得许多地方政府部门利用各种优惠政策引导各类组织申请专利。这无疑给了许多企业和个人变相利用专利的空间，部分企业和个体利用专利进行投机的现象极为普遍，专利在此过程中起到的负面作用也是极为明显的。一个公认的事实是，专利在中国有一些在其他国家意想不到的用途。例如，《2013年非上海生源普通高校应届毕业生进沪就业评分办法》中明确规定：应届生拥有发明专利证书者加5分，拥有实用新型专利和外观设计专利证书者加1分；拥有专利的服刑犯人可以通过申请专利获得监狱的减刑；部分高校将拥有专利作为研究生毕业的可选条件之一；拥有授权专利是我国科研项目结题的重要依据，如我国的国家高技术研究发展计划（863计划）、国家重点基础研究发展计划（973计划）、国家自然科学基金项目的结题报告中都有专利的申请和实施情况一栏；而专利的这些用途也反映了我国当前体制方面的一些问题。

专利的这些非保护原始创新的用途，势必会导致许多不从事技术研发的人员去申请专利，或者没必要申请专利的科研人员或群体也去申请专利。可想而知，申请人在这种情况下关注的重点显然不是专利技术本身，能顺利拿到专利授权书对申请人来说无疑更为重要。这样势必会增加低技术含量乃至无技术含量的专利申请。让这些低质量的技术获得正式的专利授权，可能会导致专利申请和受理过程中的寻租腐败行为。专利的这些用途也降低了专利应有的技术价值，当专利权人达到目的后，专利对其来说便没有任何用途，专利权也会很快终止。例如，有研究显示，我国高校和科研机构申请的专利的存续期相较于企业和个人申请的专利的存续期普遍偏短（张古鹏，陈向东，2012a），这主要是由于我国大多数的科研项目的结题都需要譬如专利和论文等科研成果，一旦项目结题，专利和论文对项目承担者来说就失去了应有的功效，专利权人也就失去了延续专利权的动力。

▶ 日本三菱公司的技术发明奖励政策 [①]

日本三菱公司对员工发明的终生多次奖励是值得我国许多企业参考和借鉴的：在申请专利后到获得专利权之前，只要是公司认为好的技术发明，不论最终知识产权局是否授予专利权，三菱公司都会给予"优秀发明表彰"，并给做出发明的人员颁发奖金和奖状。如果这项发明获得专利权并在公司内部得以实施，三菱公司将会根据发明人发明的技术对企业贡献的大小给予发明人"实绩补偿"。"实绩补偿"金额每年最少也高达3万日元，技术发明实施至何时，"实绩补偿"就

[①] 现代企业知识产权战略：http://doc.mbalib.com/view/9cde1a76e75ff676eac52d53469cebca.html [2016-01-01].

给到何时。如果这项发明被许可给其他公司实施，三菱公司也会依照公司从专利许可中所获得的权利拨出一定比例作为发明人的"实绩补偿"。如果一项发明同时在公司内外实施，则发明人的"实绩补偿"一年最高可以拿到100万日元。即使发明人离职，在离职后仍能领取到"实绩补偿"。甚至发明人死亡后，发明人的财产继承人也可以继续领取"实绩补偿"。"实绩补偿"一直发到公司不再使用或不再许可他人使用这项专利为止。此外，三菱公司还设有累计申请专利件数的"登记表彰"，即当员工所获得的国内专利件数达到一定数量的时候，给予一定数额的奖金。三菱公司各厂、事业本部和公司的社长也都设有"工场和表彰""本部长表彰"和"社长表彰"等奖励，奖励方式由厂长、本部长和社长自行决定。不仅仅是三菱公司，其他日本高技术企业也都有各种技术发明奖励机制，以鼓励员工的技术创新行为。日本公司"一次发明，终身受益"的创新激励政策极大地鼓舞了员工发明创造的热情，员工也能够更加认真地对待各自负责的工作并及时发现问题，提出改进办法，这使得日本企业精益求精的经营理念得以在全世界发扬光大。

第五章

专利审查过程中的专利行为分析

第一节　中国专利审查过程中各阶段的法律状态

一项专利自申请人向国家知识产权局正式提出专利申请到专利正式被授权需要经过多个法律环节，这些法律环节在专利申请过程当中被称作"法律状态"。图 5-1 给出的是我国专利申请人自提出专利申请后在各个阶段所需要经历的主要法律状态。如图 5-1 所示，申请人首先需要向国家知识产权局提交专利申请，国家知识产权局授权的专利审查机构需要在 18 个月内向公众公开专利申请；专利申请向公众公开后，申请人必须在提出专利申请的 36 个月内向专利审查机构提请专利的实质审查，逾期不提交专利实质审查请求，专利申请就视为被申请人撤回；申请人在向国家知识产权局提出实质审查请求后，专利审查机构即开始展开对申请人专利的审查，专利审查机构一般根据专利的新颖性、创造性和实用性等基本审查条款，决定是否授予专利申请人专利权。当申请人被授予专利权后，申请人便成为正式的专利权人。按照规定，专利权人需要按时向国家知识产权局缴纳专利年费，以维持和延续专利权。

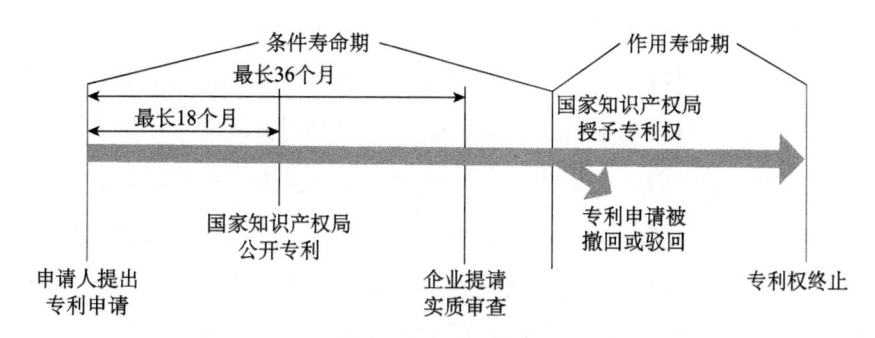

图 5-1　在我国获取专利需要历经的主要法律状态

由图 5-1 可以看出，一项专利自向国家知识产权局提出专利申请，到专利被正式授权期间所历经的各个法律状态之间都会有一定的时间间隔。从专利申请到专利权终止的整个时间轴可以划分为两个阶段。第一阶段称为专利的条件寿命期（provisional life），即从申请人提出专利申请到专利审查机构授予专利权，或申请人撤回专利申请之间的时间长度。条件寿命期被认为是企业在制定专利战略时要考虑的关键前定要素之一（Rivette and Kline，2000；Gans et al.，2008），许多国内外学者都对专利的条件寿命期及其背后的专利战略含义进行过深入的研究。第二阶段称为专利的作用寿命期（active life），即从专利被正式授权到专利权终止间的时间长度，这一时间长度在本书中也被称为"专利权的存续期"，该期限的时间长度能够反映企业长期持有专利权意愿的程度。当一项专利的专利权能够为企业带来较高的市场价值，或者有着比较重要的战略意义的时候，企业一般更加愿意缴纳专利年费，以期在较长时期内持有专利权，相比之下，如果企业因其他目的持有该项专利的专利权，譬如以持有的专利去申请各类政府科研补贴和各种科技奖，则倾向于在专利被授权后不久即终止专利权。专利权的存续期的相关问题将在后续内容中结合我国企业的专利维持情况详细展开。

以下，本书将深入分析专利的条件寿命期并剖析其中的专利战略含义。由图 5-2 可以看出，以申请人提请实质审查的时间点为时间分界线，同样可以将专利的条件寿命期分为两个阶段：前一阶段为自申请人提出专利申请到提请实质审查的时间，后一阶段为提请实质审查到专利授权的时间。自申请人提出专利申请到提请实质审查的时间长度基本上取决于专利申请人自身，即申请人在正式向国家知识产权局提出专利申请后，可以根据自己的专利战略需要在 36 个月之内的任何时间点向专利审查机构提请实质审查。因此，该时间段的长度完全由专利申请人决定，更能够反映专利申请人的行为特征。在专利的实质审查过程中，专利审查机构往往会与专利申请人就专利技术的实质性内容及其保护范围进行交流，因此，后一阶段的时间长度一方面取决于专利审查机构的审查效率，另一方面取决于申请人回复专利审查机构的速度，这又与专利申请人的专利战略考虑密切相关。当申请人认为有必要延长专利的条件寿命期时，他可能会延迟回复专利审查机构的疑问，以尽量延长专利同审查机构的交流时间。因此，前一阶段条件寿命期更能代表申请人的专利行为与专利战略的特征。相比之下，后一阶段条件寿命期则反映了申请人与专利审查机构共同的行为特征。以下本书结合中国发明专利数据对这两个阶段的条件寿命期的分布特征进行深入分析。

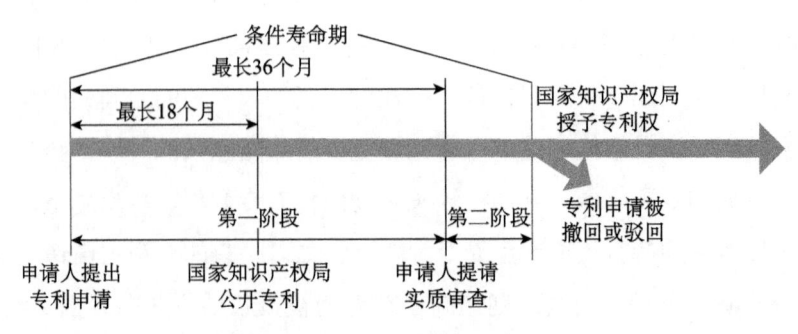

图 5-2 专利条件寿命期的划分

第二节　第一阶段专利条件寿命期的分布特征

笔者从国家知识产权局下属的知识产权出版社获得了专利数据库光盘，该光盘里包含了自 1985 年《中华人民共和国专利法》正式生效至 2009 年的所有发明专利、实用新型专利和外观设计专利。笔者又通过对专利数据库光盘进行进一步的检索，获得了 1985～2009 年共计 130 多万条发明专利数据，专利数据中记录了每项发明专利的申请日、提请实质审查日、授权日、分类号、申请人、发明人和申请人所在的地址等信息。然后，笔者使用 SQL Server 数据库平台对专利数据进行处理，得到了专利申请人的第一阶段条件寿命期和第二阶段条件寿命期数据。笔者从中挑选出企业申请的发明专利，并根据企业总部所在地将企业分为中国本土专利申请人和外国专利申请人，其中外国专利申请人主要分布在美国、日本和欧盟等国家和地区，分布在上述三个国家和地区以外的专利申请人统一被划分到其他国家当中。

由此，本书将中国的发明专利划分为五个组，本书首先绘制了这五个组中专利申请人的第一阶段条件寿命期的概率分布图，如图 5-3 所示。图 5-3 清晰地表明，五组专利——中国、美国、日本、欧盟和其他国家——的第一阶段条件寿命期的分布很明显不是传统的单峰型分布，而基本都呈现双峰型的分布。这种特殊的分布形态说明，专利申请人的专利条件寿命期的选择行为不一而同，专利申请人或者在提出专利申请后立即提请专利实质审查，该部分专利申请人第一阶段条件寿命期的分布的波峰在 200 天左右，即在提出专利申请后 200 天左右提请实质审查，这一类专利申请人较早获取专利权的意愿较为强烈；相比之下，另一类专利申请人则选择尽可能在最后审查期限到来时才提请专利实质审查，该部分专利申请人第一阶段条件寿命期的波峰在 800 天左右，这一类专利申请人更倾向于较晚获取专利权。无论是中国本土专利申请人，还是外国专利申请人，大部分专利申请人都可以归为上述两类，选择其他时间提请实质审查的专利申请人所占的比例则极低。这种双峰形的分布在国外专利当中也极为常见，例如，Nakata 和 Zhang（2012）在对日本的电子和电气制造商的专利审查期数据进行分析后发现，日本专利的申请人在刚刚提交专利申请后，以及在最后实质审查请求期限到来前才提请实质审查的比例，也大于在其他时间提请实质审查的比例。由此可见，国内外专利申请人对于专利条件寿命期长度的选择行为普遍较为一致，这可能主要是由于多数专利申请人对于专利条件寿命期所包含的专利战略的理解比较趋同，从而导致了选择行为上的趋同。

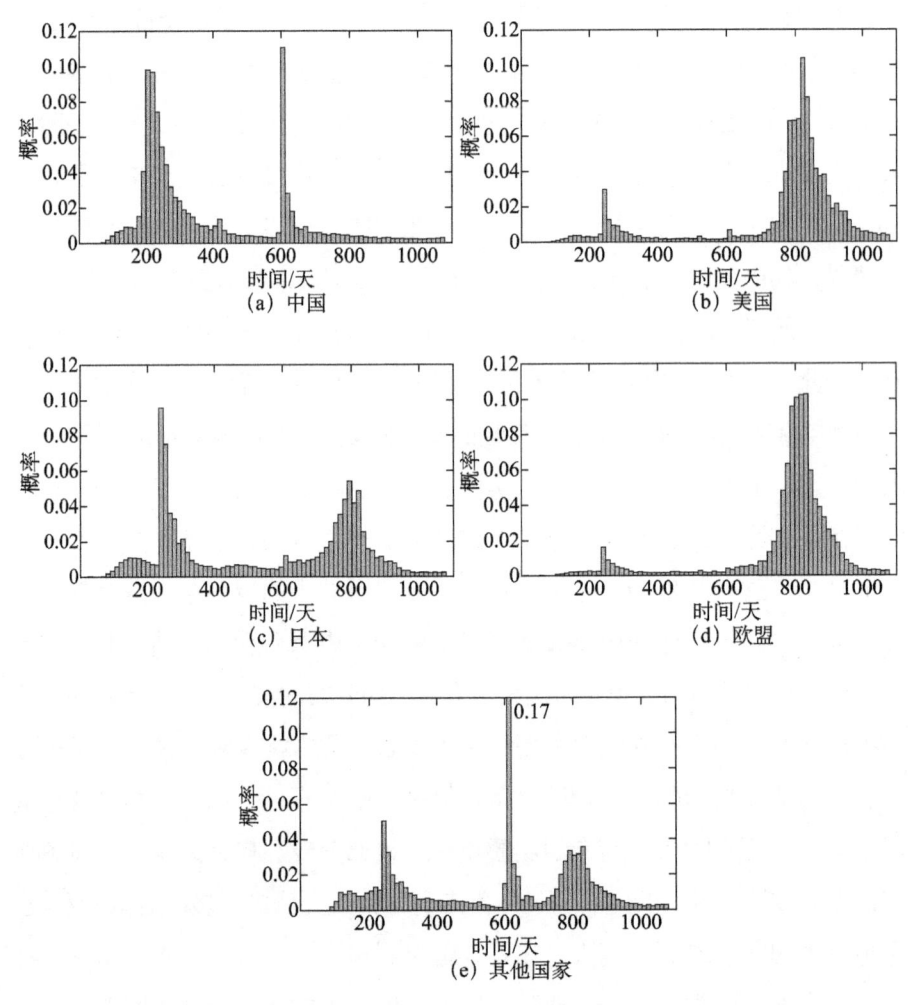

图 5-3　各国家和地区专利申请人第一阶段条件寿命期概率分布图

但是，仔细分析图 5-3 仍然可以发现各组的概率分布图的不同之处，这些不同之处暗示了中外专利申请人在第一阶段专利条件寿命期的选择上仍存在较大差异。从倾向于较早和较晚获取专利权的两种类型的专利申请人所占的比例看，各国专利申请人在第一阶段专利条件寿命期分布上有着很大的不同。由图 5-3 可以看出，中国本土专利申请人选择较短的第一阶段条件寿命期的比例远高于选择较长的第一阶段条件寿命期的专利申请人，而美国、欧盟则完全相反，来自这两个地区的专利申请人的第一阶段条件寿命期分布极为相似，选择较长第一阶段条件寿命期的专利申请人的比例皆远高于选择较短第一阶段条件寿命期的专利申请人。日本和其他国家较为接近，两种类型专利申请人所占比例基本持平。从第一阶段条件寿命期分布的对比结果看，中外专利申请人的专利战略存在较大差异，中国倾向于较早获取专利权的专利申请人所占比例较高，而外国倾向于较晚获取专利权的专利申请人比例较高。由此可见，大多数中国本土专利申请人在提出专利申请后更急于获取专利权，相比之下，大多数外国专利申请人则表现得更为有耐心，在提出专利申请后并不急于获取专利权，甚至有利用最长审查期故意延长专利审查期的倾向。而外国专利申请人在中国故意拖延专利审查期的做法，也不过是重复了其在海外专利审查过程中的做法，这一点通过研究日本本土专利的第一阶段条件寿命期分布就能够看出来，有关日本专利条件寿命期分布的相关研究可以参考 Nakata 和 Zhang（2012）。

为了进一步动态地考察中外专利申请人的这种专利条件寿命期选择行为方面的差异，本书给出了上述五个国家和地区的专利申请人历年第一阶段专利条件寿命期平均长度的时间曲线图，如图 5-4 所示。由图 5-4 可以看出，美国、日本、欧盟和其他国家的专利申请人的第一阶段专利条件寿命期曲线总体来说皆较为平稳。美国在国家知识产权局申请的专利的第一阶段条件寿命期的平均长度曲线在整个时间轴上基本都处于最高的位置，平均时间长度为 900 天左右，说明美国的专利申请人在中国提出专利申请后，一般都会等 3 年左右的时间才会提请实质审查。欧盟的第一阶段条件寿命期的平均长度曲线比美国略低，平均等待时间为2.5年左右。日本和其他国家的第一阶段条件寿命期的平均长度曲线都处于略低于欧盟的位置，平均等待时间为2年左右。国外四个组的平均长度曲线彼此之间都有所交叉，但整体来说高度差异较为明显。从总体来看，欧美国家在第一阶段专利条件寿命期的选择上具有相当程度的共性，即都愿选择较长的时期；日本和其他国家则相对短些，其中日本专利申请人还呈现出先上升后下降的变化趋势，而其他国家的专利申请人的第一阶段专利条件寿命期则有逐渐缩短的趋势。由图5-4可以看出，美国、日本、欧盟和其他国家专利申请人的第一阶段条件寿命期曲线同中国本土专利申请人的第一阶段专利条件寿命期曲线始终没有交叉，且在整个时间轴上都位于中国本土专利申请人之上。由此可见，自1985年《中华人民共和国专利法》正式生效以来至今，中国本土专利申请人的第一阶段条件寿命期始终是最短的，波动区间为500～600天，说明中国本土专利申请人在提出专利申请后一般仅仅等一年半时间就提请专利实质审查。由上述分析结果可以看出，中国本土专利申请人较早获取专利权的倾向，与外国专利申请人较晚获取专利权的倾向随时间推移始终没有发生本质变化。

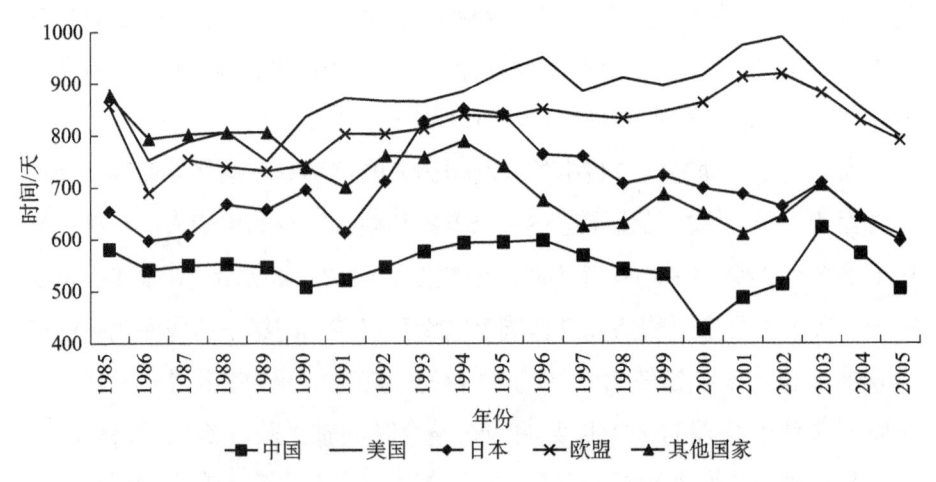

图5-4 各国家和地区专利申请人历年申请专利的第一阶段平均条件寿命期

除了专利申请人国籍造成的条件寿命期选择上的差异以外，不同技术领域的专利战略差异也是本书考虑的重点之一。由于不同的技术领域所针对的市场与技术研发过程千差万别，部分技术领域内的专利申请人可能更倾向于较早获取专利权，而有的技术领域内的专利申请人则可能倾向于较晚获取专利权。本书按照专利分类号将其分成了六组，即信息技术、生物技术、材料技术、环境技术、机械工程和其他领域，每个组分别对应一个技术领域。然后分别绘制了每个组当中包含专利的第一阶段条件寿命期概率分布图，如图5-5所示。由图5-5可以看出，上述六个技术领域专利条

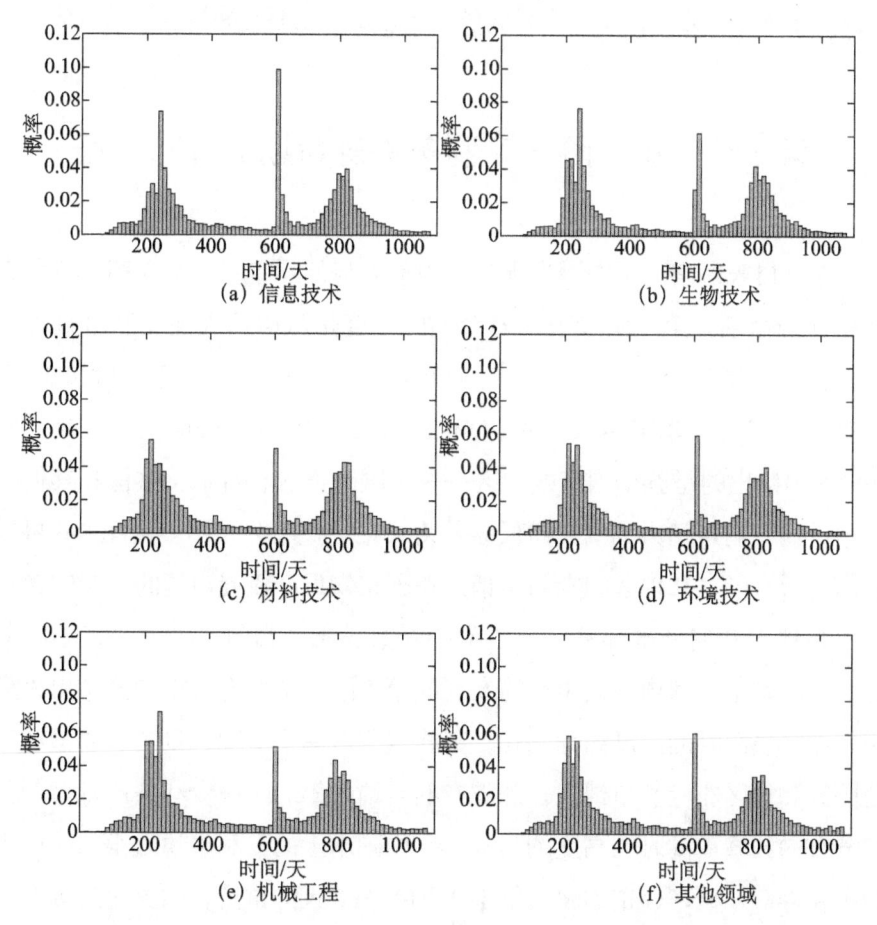

图 5-5　六个技术领域的第一阶段专利条件寿命期概率分布图

件寿命期的概率分布都极其相似，都呈现出了不太规则的双峰型分布，而且中间皆有一个细长凸起。这说明不同技术领域的专利申请人也都倾向于选择一个较短或者较长的条件寿命期，这与分申请人国籍所发现的规律基本一致，说明专利战略的选择在不同行业之间也具有相当大的同质性，不同技术领域的专利申请人对专利战略的选择也可以大致分为两类。但是，通过对比可以明显看出，图5-3中各子图之间第一阶段条件寿命期的分布差异要远大于图5-5，这说明，由专利申请人国籍所造成的条件寿命期选择上的差异要远大于由所处技术领域所造成的差异，因此，本书在后文中将重点从申请人国籍方面入手，对专利条件寿命期的战略选择性差异进行分析。

第三节　第二阶段专利条件寿命期的分布特征

本书再来考察一下中国本土专利申请人与外国专利申请人第二阶段专利条件寿命期。第二阶段条件寿命期的长度是从申请人向专利审查机构正式提出实质审查请求起，到专利审查机构做出最终审查决定间的时间长度，本书将在本节中重点考查第二阶段条件寿命期的概率分布特征。图5-6中给出的是五个国家或地区——中国、美国、日本、欧盟和其他国家——的专利申请人的第二阶段条件寿命期的概率分布图。由图5-6可以看出，所有国家和地区的专利申请人在国家知识产权局申请的专利的第二阶段条件寿命期基本都呈现出右偏的对数正态分布特征。但是，不同的是，中国本土专利申请人申请的专利的第二阶段条件寿命期的分布更为集中，波峰最高时的高度约为0.10，其峰度明显高于美国、日本、欧盟和其他国家和地区的专利申请人，外国专利申请人第二阶段专利条件寿命期概率分布的波峰最高时的高度约为0.06。中国本土的专利申请人第二阶段专利条件寿命期概率分布的波峰位于X轴约500天的位置，明显比外国专利申请人更加靠近原点，外国专利申请人的波峰位于X轴约1000天的位置。

以上分布特征的差异说明，相较于中国本土的专利申请人，外国专利申请人想要在中国获取专利权一般需要等待更长的时间。

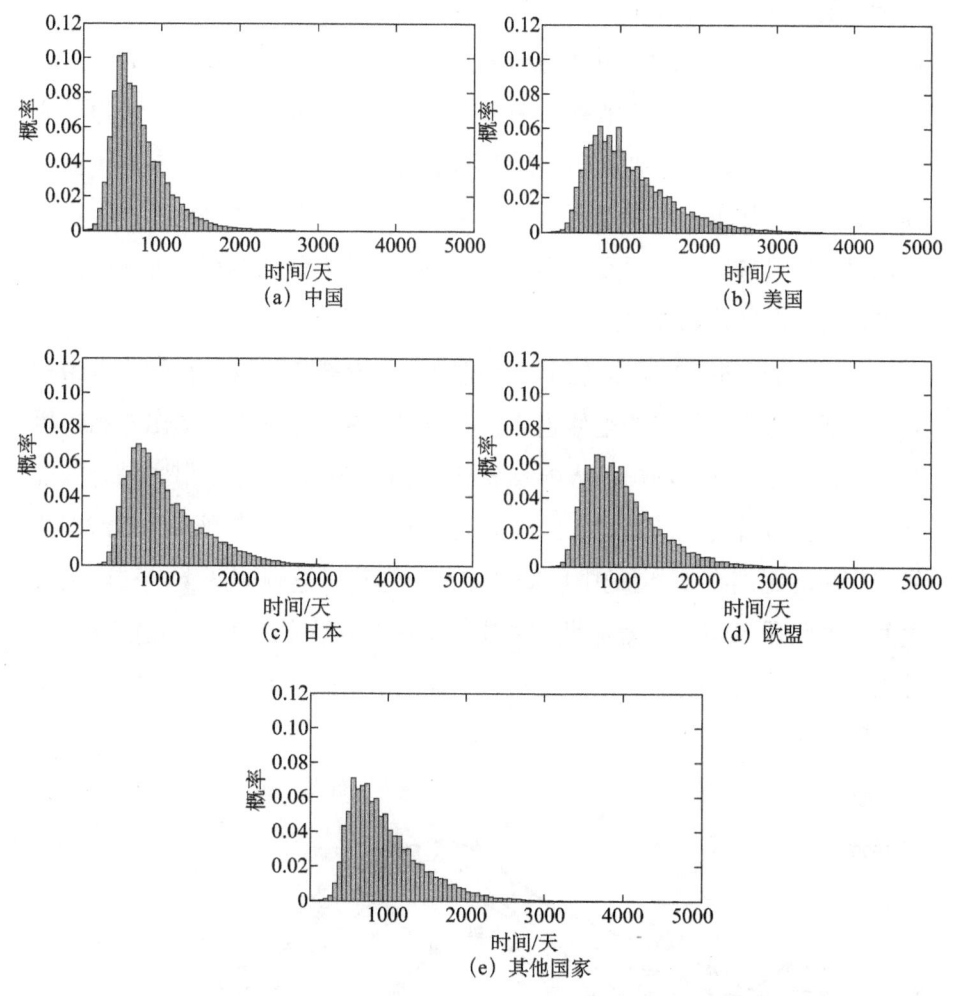

图 5-6　各国家和地区专利申请人第二阶段专利条件寿命期概率分布图

本书再来考察一下第二阶段专利条件寿命期随时间变化的趋势。由图 5-7 可以看出，五个组的五条第二阶段专利条件寿命期曲线皆呈现出"倒 U 形"的变化趋势，这说明五个国家和地区的第二阶段专利条件寿命期的平均长度皆呈现出先上升后下降的变化趋势。由此可以看出，在 1985

年我国专利制度建立之初，我国专利审查的速度相对较快，而后随着时间的推移，专利审查速度日渐变慢，自20世纪90年代中期开始专利审查又开始日渐加速，到了2005年，专利审查所需的时间长度已经缩短到了比我国专利制度刚建立时候更低的水平。第二阶段专利条件寿命期的分布同我国专利审查机构的审查效率密切相关，之所以呈现出上述变化趋势可能主要由于以下原因：起初随着中国专利申请数量的日渐增多，专利审查机构的负荷日益加重，审查速度随之下降，但是，随着审查机构工作人员专业化程度的日趋提升，以及专利审查机构招纳了大量的专利审查人员，专利审查的速度又开始加快。

图 5-7 在图 5-6 的基础上进一步说明，无论第二阶段专利条件寿命期如何呈现出上升或下降的整体趋势，中国本土专利申请人在提出专利实质审查后，相比外国专利申请人能够较早地获取专利权的这一事实随时间推移并未发生显著变化。而且，中外专利申请人第二阶段专利条件寿命期曲线间相隔的距离在20世纪中后期开始渐行渐远，这说明两类专利申请人之间第二阶段专利条件寿命期的差距有进一步拉大的趋势，与过去相比，外国专利申请人相较于中国本土专利申请人想要获取专利权需要等待更长的时间。

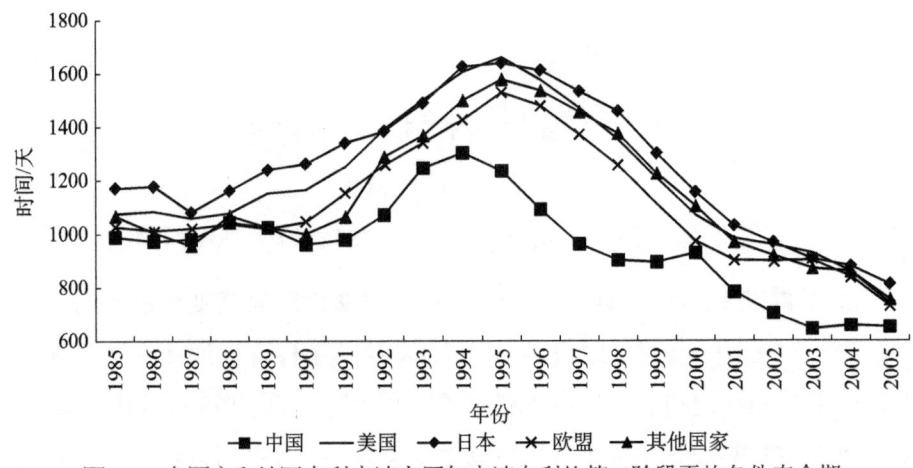

图 5-7　各国家和地区专利申请人历年申请专利的第二阶段平均条件寿命期

造成上述现象的原因可能有以下几方面。

第一，相较于中国本土专利申请人，国外专利申请人的专利技术往往更为复杂，需要更多的文字和图表予以描述，因此其申请书的内容往往也更长。本书分别随机抽取了申请时间为 2009 年的 10 000 项专利，其中地址标注为"美国"和"北京"的专利各 5000 项。对这些专利进行分析后发现，地址为"美国"的企业申请的发明专利的申请书平均长度为 25.03 页，而地址为"北京"的企业为 13.62 页，长度仅为美国企业的一半略多。这就使得专利审查机构的审查人员需要花更长的时间去审阅国外企业的专利说明文件。但是，也有一种情况会加速国外专利的审查，即如果专利审查人员审查的是同族专利，则一般不需要对专利技术的具体内容进行详细审查，并会很快授予国外专利申请人以专利权。同族专利是指申请人基于同一优先权文件，在不同国家或地区，以及地区间的专利组织多次申请、多次公布或批准的内容相同或基本相同的一组专利文献，同族专利一般已经由国外专利审查机构进行过详细审查。

造成国外专利申请人第二阶段专利条件寿命期较长的第二个原因或许更为重要，即国外专利申请人往往人为地故意拖延审查时间。通过对多个专利审查员进行访谈发现，专利审查员在同国外专利申请人交流时往往需要花更长的时间。当专利审查员提出专利技术相关问题后，国外专利申请人往往并不立即答复，而是在最后期限近乎到来的时候再行答复，相比之下，国内专利申请人一般会在专利审查员提出质疑后较快答复。显然，国外专利申请人在面对专利审查员时的行为与国内本土专利申请人有很大的不同。

第三，审查国外专利申请人提出的专利申请往往需要更多轮的往返答复。相较于国内本土专利申请人，国外专利申请人一般会坚持以原有技术内容去申请专利，而不会轻易修改。因此，国外专利申请人一般会在专利审查员提出专利修改意见后进行申辩，以保持专利初始的技术内容，这无疑减慢了专利审查速度，往往还会导致多轮往复，相比之下，国内专利申请人在处理专利技术本身的内容时更加灵活，更加愿意配合专利审查员，并按照专利审查员提出的修改意见对专利技术说明书进行修改。由此可见，国外专利申请人在专利审查过程中比国内专利申请人更加有耐心，但对于保持技术原有特征的要求则较高。前面章节中已经有所提及，专利对于国内专利申请人来说有一些其他用途，譬如向客户证明专利申请人的技术实力与创新能力，向政府申请各类扶植资金、科研项目、科技奖励、政策性银行贷款等。若企业前期的技术积淀较少，或前期未重视申请专利，则较快获得较多的专利授权书对于国内专利申请人来说或许更为重要，而专利技术的最终面貌与其初始面貌相比究竟有多大差异则并不重要。

第四，目前我国实施的可能是保护性的专利审查机制，即通过有意拖延外国专利权人在中国获得专利权的时间来保护国内的技术市场。由于我国科技水平相较于主要发达国家有较大的差距，放任外国专利申请人在中国申请专利可能会带来技术市场被外国跨国公司垄断的严重后果。为了保护国内的技术市场不被国外企业过快垄断，为国内企业争取更长久的技术缓冲期，我国当前可能实行了保护性的专利审查机制，以保证国内企业能够更迅速、更容易地获取专利权，并达到限制国外企业在中国申请专利的目的。这种由政府部门主导的故意拖延外国申请人在本国获取专利权的行为在许多国家都能见到，例如，日本对美国公司在日本的专利申请的批准，经常会拖延10～14年，最典型的案例是JPO对美国得克萨斯州仪器公司的半导体专利申请的拖延行为，最终推迟了30年才予以批准。

综合上文中对国内外专利申请人第一阶段和第二阶段专利条件寿命期概率分布的分析可以看出，外国专利申请人故意延长专利审查期的意图是极为明显的。我国可能存在的保护性审查机制延迟授予国外专利申请人专利权的行为强化了国外专利申请人的专利市场战略，但是，由于专利审查机构授予国外专利申请人专利权的意愿偏低，国外专利申请人期望通过大量申请专利垄断中国技术市场的专利竞争战略同时也被弱化了。在保护性专利审查机制下，国内专利申请人能够更容易并更迅速地获取专利权，这使得国内专利申请人难以充分观察专利当前的市场收益，导致许多市场收益水平不高、技术含量较低的专利被授权，从而增加了专利申请人的专利申请和维持费用。尽管保护性的审查机制更有益于国内专利申请人的技术垄断战略的展开，但是，由于先天的技术创新能力方面的限制，国内本土的专利申请人往往不具备展开充分的专利竞争战略的条件。因此，从专利战略的视角看，保护性专利审查机制并不完全有利于国内专利申请人，当然，这种审查机制也给国外专利申请人在中国进行专利运营设置了诸多障碍。

第四节　条件寿命期的专利战略含义

上述实证分析结果提出了一个疑问：为什么中国本土的专利申请人在提出专利申请后，更急于较早地获取专利权，而相比之下，外国专利申请人在提出专利申请后则并不急于获取专利权？这需要结合专利条件寿命期所隐含的专利战略含义进行深入说明。在技术的市场转化及技术竞争过程中，企业往往根据自己的专利战略需要提前或者推迟提请实质审查，因此，专利的条件寿命期选择一般包含着丰富的专利战略含义。

一、专利技术的市场战略

在专利被正式授权之前，专利权存在很大程度的不确定性：这种不确定性首先表现在专利授权的不确定性上，在严格的专利审查机制下，一些技术含量不高的专利最终往往不会被专利审查机构授权；其次，专利权的不确定性表现在专利权保护范围的不确定性上，在专利审查过程中，审查人员往往要求专利申请人就专利权申请保护的范围进行修改，因此，专利在被正式授权前，专利技术的保护范围往往是不确定的。尽管授予专利申请人正式的专利权可以极大地消除上述不确定性（Gans et al., 2008），但出于收益方面的考虑，许多专利申请人往往会在专利正式授权前便开始进行专利权的转让和许可。一方面，出于利益最大化的考虑，专利申请人期望找到出价较高的专利权购买者。由于授权后的专利需要缴纳一定数额的年费，在专利技术市场化的前景不明了之前，专利申请人往往并不急于获取专利权，而是努力为其掌握的技术寻找合适的市场转化机会。显然，通过延迟专利被授权的时间，专利申请人可以延迟一段时间缴纳年费。另一方面，技术会更新换代，因此，随着替代技术的出现，专利技术会逐渐贬值，专利申请人往往会错过出价较高的买家，技术买卖双方的信息不对称也制约着技术交易，因此，较长的搜寻过程一般伴随着较高的机会成本。当专利申请人预期替代性的技术会较早出现的时候，就会更加急于获取专利权。Gans 等（2008）曾在他们的模型中严格证明，当延迟获取专利权的机会成本小于一个临界值时，专利申请人会尽量延长搜寻时间。因此，专利的市场收益是专利申请人在选择专利的条件寿命期长度时所要考虑的专利战略含义之一。

二、专利竞争战略

专利的条件寿命期的另一个专利战略含义表现在企业对行业内竞争对手技术竞争战略方面的考虑。Hall 和 Ziedonis（2001）在其研究中指出，为了能够争取技术优势，在行业技术竞争中占据主动地位，企业往往会申请大量专利，以便在与对手的技术垄断与反垄断竞争中获取更多的"谈判筹码"（bargaining chip）。为了与对手进行有效的竞争，掌握尽可能多的专利是一个非常重要的手段。企业掌握大量专利一方面可以从容应对可能来自竞争对手的侵权诉讼。因为竞争对手在考虑是否对企业发起专利诉讼前，一般会对企业申请的专利进行全面的检索和分析，竞争对手需要对企业的每一项专利进行分析后才能做出企业是否侵犯了其专利权的判断。如果这家企业在竞争对手所关注的技术领域拥有大量的专利，无疑会增加竞争对手花在专利分析上的时间成本和金钱成本，不仅如此，大量的专利也会给竞争对手增加迷惑，让竞争对手难以判断企业究竟是使用了自己的专利技术，还是使用了竞争对手的专利技术。另一方面，企业拥有的大量专利也可以对竞争对手构成专利诉讼威胁，成为对竞争对手展开知识产权攻击的武器（McGuinley，2008）。因此，企业在专利竞争战略方面的考虑使得企业更侧重于大量申请专利，以期通过掌握的大量专利牵制住竞争对手（Hall and Ziedonis，2001）。

从专利的条件寿命期反映出来的问题看，企业一般会根据自身的专利战略考虑竞争对手的专利行为，以及行业潜力等做出适时的专利申请方面的调整。对于一些展现出较大潜力的技术领域，企业可能会加大该技术领域专利的申请力度，以尽可能在该市场未展现出巨大需求的时候抢占技术阵地，从而造成该技术领域专利申请量和授权量的突击式增长。从专利的条件寿命期长度分布上看，企业在这些市场潜力较大的技术领域更倾向于尽快获取专利权，因此，该技术领域的专利竞争战略更可能表现为较短的条件寿命期与较多的专利申请；对于一些前景不甚明了的技术领域，企业会为了保持该技术领域的竞争优势而申请专利。但是，在这些技术领域较早获取专利权对企业来说并没有切实的意义，企业只需要拥有一定数量尚未授权的专利就能够形成该技术领域的潜在掌控能力，这样也可以给竞争对手造成技术垄断的错觉，企业甚至会在申请专利被公开后频繁地修改专利内容以迷惑竞争对手，达到限制竞争对手申请专利的目的[①]。因此该技术领域的专利竞争战略更可能表现为较长的条件寿命期。

三、专利引诱侵权战略

对于一些跨国公司来说，其全球性的战略视角往往使其能够以战略眼

[①] 参见 McGuinley. 2008. Global patent warming.Intellectual Asset Magazine, 31: 24-30; Graevenitz G, Wagner S, Hoisl K, et al. 2007. The strategic use of patents and its implications for enterprise and competition policies. Report for the European Commission, European Commission, Belgium: Brussels.

光看待专利侵权。一般来说，一个国家的知识产权保护水平往往同其市场潜力成反比：知识产权保护相对严格的国家一般都是发达国家，发达国家各个领域的市场一般都已经趋近饱和；而潜力巨大的市场一般都在经济活跃的新兴经济体当中，这些新兴经济体由于处于经济快速发展的阶段，知识产权制度方面的建设往往都比较滞后。当前全球的新兴经济体中，不仅中国的知识产权保护不利，印度作为全球另一个最有潜力的新兴经济体也存在着广泛的知识产权侵权行为。而若想开拓这些新兴经济体的市场，跨国公司已经意识到，蒙受一定知识产权侵权损失是必需的。但是，在新兴经济体经营多年之后，许多跨国公司在不经意间发现，知识产权侵权行为越是频繁，依托跨国公司技术生产的产品的市场占有率越高，反而可能对跨国公司越有利。当产品深入人心，且新兴经济体的知识产权保护日趋完善时，跨国公司便可以毫不费力地占领市场。反之，如果跨国公司过于强调专利保护，则不利于其产品在新兴经济体的推广。在这种情况下，跨国公司经常故意拖延专利审查期限，以造成专利未授权的假象，引诱新兴经济体的企业侵权。随着新兴经济体知识产权保护力度的日益增强，一旦涉嫌侵权的企业达到一定规模，跨国公司便会对企业发起知识产权诉讼。譬如，笔者在企业实地调研过程中从同企业经营者的谈话中发现，随着盗版的 Windows 操作系统、Office 办公软件广泛应用于中国国内企业的电脑，掌握这些计算机软件所有权的美国微软公司在全国各地派驻了大量检察员，一一进驻每一家企业收取软件使用费。

四、企业规模与资金

企业规模与资金压力也是企业对条件寿命期长度进行选择的一个重要考虑因素。尽管专利在申请过程中需要一定成本，但是，由于存在规模和资金压力方面的差异，更关心该部分成本的往往是中小型企业，而非大型企业。相较于资金较为充裕的大型企业来说，中小型企业更为关心的可能是申请专利所带来的直接收益问题，因而并不急于获取专利权，相比之下，大型企业则往往通过大量申请专利来达到垄断技术市场的目的（Hall and Ziedonis，2001；van Zeebroeck，2007；McGuinley，2008；Nakata and Zhang，2009）。因此，较早获取专利权对于大型企业来说可能至关重要，而中小企业可能并不急于获取专利权，由此所导致的结果可能是大型企业相较于中小型企业拥有更短的专利条件寿命期。

Nakata和Zhang（2009）也曾试图从企业规模视角出发，区分选择不同条件寿命期长度的企业的类型，他们的研究认为，技术管理经验丰富、创新能力较强的大型企业相较于中小型企业往往更善于发现和利用专利制度上的有利条款。一些国家（如日本和欧洲国家）为公开而未授权的专利提供了严格的法律保护，因此大型企业往往愿意享受更长时间的"条件保护"（provisional protection）。然而，它们在使用日本电子信息领域的专利数据进行分析时发现，两者的关系并不稳定，拥有更多技术管理经验及较强创新能力的大型企业在20世纪90年代前倾向于延迟提请专利审查，90年代后则倾向于提前提请专利审查。van Zeebroeck（2007）使用欧洲专利数据得到的研究结果甚至得出了相反的结论，即大型企业相较于中小型企业往往更急于获取专利权。

尽管国际上的研究就企业规模与资金压力如何影响企业对专利条件寿命期长度的选择未能得到一致的结论，但从现有研究得出的结论看，虽然这一因素的效应不甚稳定，它也是导致专利条件寿命期呈现双峰分布的重要诱因。而究竟企业规模与资金压力如何影响到企业的专利战略，尚需要进一步深入的研究。

五、节约专利申请和维护成本

节约专利的申请和维护成本可能也是申请人考虑的主要因素之一。中国的专利年费相较于发达国家并不算低，中国发明专利自申请日起1～3年、4～6年、7～9年、10～12年、13～15年、16～20年每年所需要缴纳的年费分别为900元、1200元、2000元、4000元、8000元。尽管在中国有针对各类申请人的专利年费减免优惠，但一般专利被授权3年后便不再减免。而在美国，专利授权后1～3年是不需要缴纳专利年费的，之后每4年缴纳一次专利年费，以小实体专利年费为例[①]，每4年需要缴纳的费用依次为：专利授权后3～3.5年缴纳800美元、专利授权后7～7.5年缴纳1800美元、专利授权后11～11.5年缴纳3700美元；以2015年7月16日美元兑人民币1:6.21的汇率计算，分别相当于人民币1242元/年、2795元/年和5744元/年。从总体看，美国的专利年费略高于中国的专利年费。

申请人可以通过延长专利审查期节约专利申请和维护成本。《中华人民共和国专利法实施细则》中规定：专利从申请日起满两年尚未被授予专利权的，自第三年度起应当向国家专利行政部门缴纳维持其专利申请的费用，其中发明专利的申请维持费一般为300元/年，显然，这一数额远低于授权后的900元/年的专利年费[②]。由于我国的专利是自授权日起开始缴纳年费的，而专利的保护期是自申请日开始计算的，专利越晚被授权，专利申请人需要缴纳专利年费的期数也就越少，缴纳专利申请维持费用的期数则越多，这无疑会降低申请人缴纳的总的专利申请和维护费用。对于每年都需要申请和维持几千项乃至几万项专利的专利权的大企业来说，专利的申请和维护成本并不低，熟知《中华人民共和国专利法实施细则》中有关专利权维持费用的条款，掌握其中的技巧显然能够有效地降低专利权维持成本。从第一阶段专利条件寿命期的分布来看，外国企业故意拖延提请专利实质审查的时间很可能是出于节约成本的考虑，相比之下，中国本土企业对于这类法律条款的实施细则并未投入太多的关注。

由上述分析可以看出，专利的条件寿命期的长短可能由多方面的因素决定：一方面，专利的条件寿命期在一定程度上反映了专利技术的市场战

---

① 美国的专利年费缴纳分为大实体（large entity）、小实体（small entity）和微实体（micro entity），我们折中选取了小实体的专利年费为研究对象。
② 从2010年2月1日起，根据新的《中华人民共和国专利法实施细则规定》发明专利申请维持费已经不再收取，我们的分析是基于中国2010年之前的发明专利数据展开的。

略、竞争战略、引诱专利侵权战略的特征，企业往往根据自身的专利战略需要选择较长或者较短的条件寿命期；另一方面，专利的条件寿命期也可能取决于企业规模与资金充裕的程度及其对专利申请和维护成本的考虑，以及企业对专利法实施细则上的有利条款的熟悉与利用程度。

第六章

企业的专利权延续行为

第一节 企业延续专利权的成本与收益分析

专利被授权后,专利申请人便正式成了专利权所有者,即专利权人。目前,多数国家的专利法都规定,专利权人必须定期缴纳专利年费(也有国家规定专利权人需若干年缴纳一次费用,如美国规定四年缴纳一次专利费用),这主要是为了有效地促使专利权人定期衡量维持专利的成本收益。专利年费缴纳机制显然有利于大批知识产权及时转化为社会财富,供公众无偿使用,从而提高整个社会的福利水平。这样一种机制一方面很好地保护了专利人的专利权,以鼓励其技术创新行为,另一方面又让科技成果能够惠及普通社会大众,从而在技术创新领域的公平与效益之间进行很好的权衡。在维护专利权需要缴纳费用的情况下,专利权人需要认真分析专利的成本收益,当从专利中获取的市场收益不足以支付为维护专利权付出的年费时,理性的专利权人一般会选择停止缴费而使专利权终止。专利权终止的另外一种常见情况是有效期届满,在我国,发明专利的专利权期限是

20年，实用新型专利和外观设计专利是10年。超出有效期的专利可以被公众无偿使用。

表6-1给出的是专利授权后，每年需要向国家知识产权局缴纳的专利年费，我国的专利年费历经两次调整。现今的专利年费收取标准自2001年起生效。如表6-1所示，在我国，发明专利的专利年费最高，专利授权后的1～3年需要每年向国家知识产权局缴纳900元的年费，实用新型专利和外观设计专利需要缴纳的年费相等，专利授权后的1～3年需要每年向国家知识产权局缴纳600元的年费，而后逐年依次增加。显然，实用新型专利和外观设计专利年费增加的幅度比发明专利要小得多。此外，为了照顾某些经济困难的专利权人，《中华人民共和国专利法》规定，享受个人和单位专利年费减缓的专利权人每年只需要缴纳正常专利年费的30%，个人减缓和单位减缓后需要缴纳的专利年费数额如表6-1中的最后两列所示。

一般来说，人们在解读"收益"时更多的是从经济学的视角出发，即能够从专利中直接获得的可以用货币衡量的收入。而对于专利权人，尤其是拥有较强经济实力的专利权人来说，从专利中获取的直接经济收益往往并非其考虑的重点，专利权人需要考虑的更多是通过申请专利保护其现有市场，或者通过申请专利占领同行业竞争者的市场。因此，此处提及的"收益"的含义更为广泛，不仅指从专利中获得的直接收益，还包括间接收益。本书将自专利授权到专利权终止这段时间的长度称为"专利存续期"。该存续期的长度反映了专利权人对其专利价值及其潜在收益的理性判断，因此拥有重要的经济意义。国内外许多专注于专利价值研究的学者都关注过专利权的存续期，并以此为基础进行专利货币价值的计算。他们认为，相较于存续期较短的专利，拥有较长存续期的专利应当受到特殊的关注，因为它们很可能包含具有更高商业价值的技术。当然，单独以专利权的存续期长度衡量专利的商业价值或许存在一定偏误，因为存在诸多其他未考虑的影响因素，如专利权人的经济状况、专利对于专利权人的重要程度等。

表 6-1　在中国维持专利所需要缴纳的专利年费

（单位：元/人民币）

类别	缴费年度	全额年费			减缓	
		1985 年	1994 年	2001 年	个人减缓	单位减缓
发明专利	1～3 年	200	600	900	135	270
	4～6 年	300	900	1200	180	360[a]
	7～9 年	600	1200	2000	—	—
	10～12 年	1200	2000	4000	—	—
	13～15 年	2400	4000	6000	—	—
	16～20 年	—	8000	8000	—	—
实用新型专利	1～3 年	100	600	600	90	180
	4～5 年	200	900	900	135	270
	6～8 年	300	1200	1200	180	360
	9～10 年	—[a]	—	2000	—	—
外观设计专利	1～3 年	50	150	600	90	180
	4～5 年	100	300	900	135	270
	6～8 年	200	600	1200	180	360
	9～10 年	—[a]	800	2000	—	—

a：根据《国家发展改革委、财政部关于降低住房转让手续费受理商标注册费等部分行政事业性收费标准的通知》（发改价格〔2015〕2136 号），自 2016 年 1 月 1 日起，延长专利年费减缓时限，对符合《专利费用减缓办法》规定且经国家知识产权局批准减缓专利年费的，由过去现行的授予专利权当年起前三年延长为前六年[①]

[①] 关于专利年费减缴期限延长至授予专利权当年起前六年的通知. http://www.sipo.gov.cn/tz/gz/201512/t20151221_1219850.html [2015-12-21].

第二节　我国企业、研究机构和个人的专利存续期

本书将在本节中对国家知识产权局专利数据库中海量的专利的存续期数据进行研究，分析其长度分布特征。为了对专利存续期数据进行更直观的描述，本书使用了 Kaplan-Meier 生存曲线（survival curve）。Kaplan-Meier 生存曲线是生存分析中最常见的分析工具之一，本书并不给出具体的计算公式，其现实含义通过图示即可一目了然。但是，值得注意的是，Kaplan-Meier 生存曲线的精确度受到数据样本容量的限制，在 Kaplan-Meier 生存曲线图中时间轴的前半段，由于样本容量足够大，专利生存概率估计值的精确度较高；但随着存续期的延长，样本容量逐渐减少，尤其是我国存续期较长的专利的数量极少，Kaplan-Meier 生存曲线所表示的专利生存概率估计值的精确度会逐渐降低。

本书首先考察一下国内各类研发团体持有的专利的存续期，使用的数据是国家知识产权局的发明专利数据。本书大致将中国本土的专利权人分为三类：企业（包括各类国有企业和民营企业）、研究机构（包括各类高等院校和研究院所）和个人（包括申请专利的自然人）。图 6-1 给出的是我国上述三类专利权人的专利 Kaplan-Meier 生存曲线，其中，横坐标表示时间，单位用"天"表示，纵坐标表示的是存续期未终止的专利占所有专利的比例，本书称为"专利存活率"。由图 6-1 可以看出，专利授权后 1 年左右，几乎没有专利的专利权终止，但是，随后较短时间内，专利权终止的速度极快，专利权被授权 3 年后，大约有 50% 的专利的专利权终止，授权 6 年后，仅有 10% 左右的专利的专利权继续维持，而专利权能够维持 10 年以上的比例几乎为零。

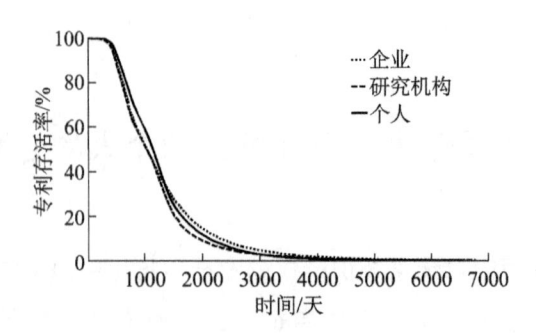

图 6-1 三类国内专利权人的专利 Kaplan-Meier 生存曲线

本书再考察一下国内不同类型申请人的专利存续期情况的差异。图 6-1 中的三条专利 Kaplan-Meier 生存曲线分别是使用企业、研究机构、个人申请的专利的存续期数据绘制的。三条专利 Kaplan-Meier 生存曲线的位置较为接近，说明国内三类专利权人的专利存续期长度差异不大。但仔细分析可以发现，在图 6-1 中时间轴的前半段，个人申请的专利的生存曲线位置较高，企业和研究机构的专利生存曲线几乎重合并处于较低的位置，这说明前期个人申请的专利中有更高比例的专利权延续到了下一个时期。但是，在时间轴的后半段，企业申请的专利的生存曲线占据了较高的位置，这说明专利被授权较长时期后，企业申请的专利中有更高比例的专利权延续到了下一个时期。相比之下，研究机构的专利生存曲线始终处于最低的位置，暗示其拥有较短的专利存续期。

企业申请的专利相较于研究机构和个人拥有较长的存续期这一结果并不意外，因为企业相较于研究机构和个人往往拥有较强的经济基础，专利年费对于企业来说并非太大的开支。而且，企业申请专利的商业动机更加明显，可能需要通过使用专利来保护其市场，因此其对于专利的依赖程度可能更高，使得企业更加愿意在延续专利权上花费更多。

然而让人意外的是，我国的研究机构申请的专利的专利权存续时间竟然短于个人申请的专利。研究机构较短的专利存续期说明其专利的市场价值与技术价值不高。由于研究机构并非企业，科技成果转化并非其主要任务，但若科技成果拥有较高的潜在市场价值，完全可以通过将专利技术转让给企业实现这一过程。但事实上，发生在我国企业与研究机构间的技术交易少之又少，这也从一个侧面反映出我国研究机构研发的科技成果难以为产业提供有效技术支撑的问题。许多科研机构申请专利的目的是项目申请或者项目结题，而不看重其产业化潜力，从而导致了大量低技术含量、无商业价值的专利的产生。

第三节 中外企业的专利存续期对比

再来考察一下不同国家企业的专利存续期情况，使用的也是来自国家知识产权局的发明专利数据。图6-2给出的是不同国籍申请人的专利Kaplan-Meier生存曲线，根据国家所在地区及其经济实力差异分为中国、美国、日本、欧盟和其他国家。由图6-2可以看出，中国申请的专利的存续期超过4年的比例仅为30%左右，美国、日本、欧盟和其他国家申请的专利的这一比例为40%～60%；中国本土申请的专利的存续期超过10年的比例几乎为零，而美国、日本、欧盟和其他国家申请的专利则有约10%的专利能够延续10年以上。由此可见，中国本土申请的专利的存续期相较于美国、日本、欧盟等传统技术型强国和地区来说更短，这也反映了中国同发达国家之间技术水平的差距。在中国专利保护程度不足的情况下，中外企业之间巨大的技术差距使得中国企业侵犯外国企业专利权的动机更为强烈，即中国专利权人很可能提前终止自己的专利权，转而模仿外国专利权人的专利技术。由图6-2可以看出，日本企业的专利生存曲线位于最高位置，欧盟、美国和其他国家其次。很明显，中国企业的专利生存曲线在整个时间区间内几乎都位于最低位置，这表明中国本土企业申请的专利的存续时间是最短的。结合多数国内企业缺乏核心技术的现实，这应该主要是由国内企业申请专利的技术含量低、市场盈利能力低所导致的。

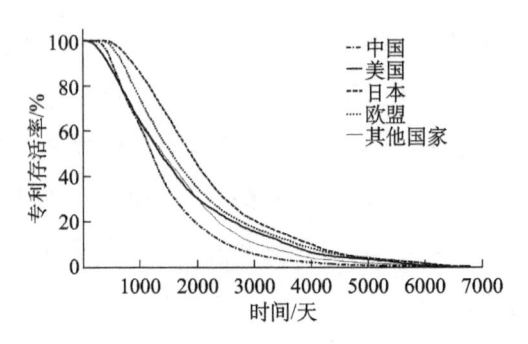

图 6-2　各国企业的专利 Kaplan-Meier 生存曲线

为了进一步说明问题，本书给出中外企业分技术领域的专利 Kaplan-Meier 生存曲线，专利技术分类参考了世界知识产权组织（World Intellectual Property Organization，WIPO）的专利分类方法[①]。如图 6-3 ~ 图 6-7 所示，虽然美国、日本、欧盟和其他国家的专利 Kaplan-Meier 生存曲线的高度在五个技术领域中皆有所差异，但是总体上看，每个国家都在一定技术领域内占有一定的优势。其中，日本的技术优势最为明显，日本企业在机械工程领域和材料技术领域的专利 Kaplan-Meier 生存曲线始终处于最高位置，这说明日本的企业在这两个技术领域的技术创新质量处于最高水平。

如图 6-3 所示，1985 ~ 1992 年，日本在电信和信息技术领域的专利 Kaplan-Meier 生存曲线的高度与欧盟相当。但 1993 ~ 2000 年日本在该技术领域的技术优势则有所下降，其专利 Kaplan-Meier 生存曲线的高度低于其他国家；相比之下，美国、欧盟和其他国家在该技术领域的专利 Kaplan-Meier 生存曲线的高度则较为接近，说明这三个国家和地区的技术创新质量相较日本处于较高水平。

如图 6-4 所示，在生物技术领域，1985 ~ 1992 年，除了中国以外，各国专利 Kaplan-Meier 生存曲线的高度都较为接近。其中，美国在生物技术领域的专利 Kaplan-Meier 生存曲线的高度稍高于日本、欧盟和其他国

---

① Schmoch U. 2008. Concept of a technology classification for country comparisons. Report to the World Intellectual Property Organization（WIPO）.

家。但是，在 1993～2000 年，日本取代美国成了在生物技术领域里专利存续期最长的国家。

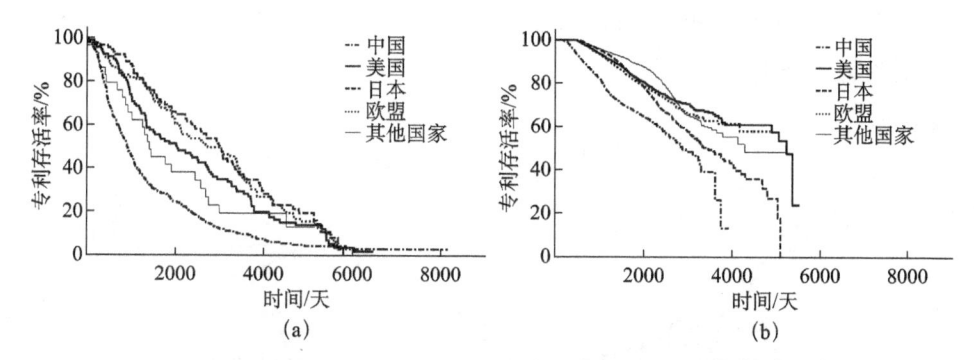

图 6-3　电信和信息技术领域专利 Kaplan-Meier 生存曲线

注：图（a）使用的发明专利的申请日期为 1985～1992 年，图（b）使用的发明专利的申请日期为 1993～2000 年，图 6-4～图 6-7 同此

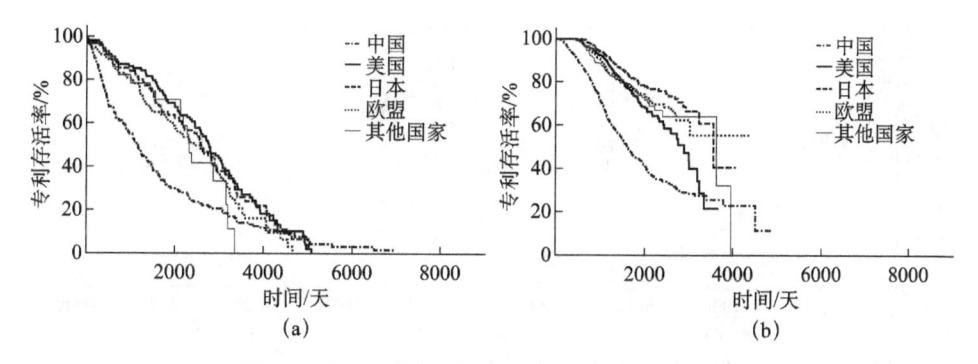

图 6-4　生物技术领域专利 Kaplan-Meier 生存曲线

如图 6-5 所示，在材料技术领域，1985～1992 年和 1993～2000 年这两个时间段内，日本企业申请的专利的专利存续期始终是最高的。1985～1992 年，美国、欧盟和其他国家间专利存续期的差距并不明显，但是，在 1993～2000 年，欧盟企业的专利存续期明显变长，美国和其他国家则明显低于日本和欧盟。

如图 6-6 所示，在环境技术领域，1985～1992 年，日本和欧盟的专利权的存续期相较美国和其他国家具有一定优势，但是，到了

1993～2000年，日本和欧盟的该技术优势变得不甚明朗，其专利生存曲线同美国和其他国家有一定程度的重合。这说明，发达国家之间在环境技术领域的专利存续期的差距开始变得不明显，各国之间的技术水平差距有日益缩小的趋势。

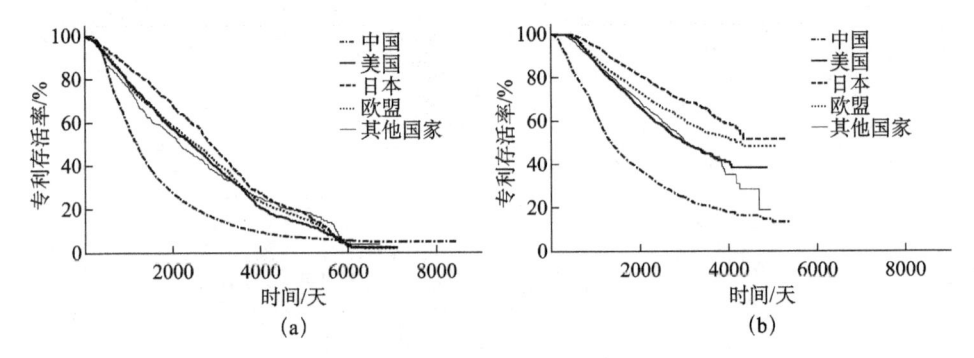

图 6-5　材料技术领域专利 Kaplan-Meier 生存曲线

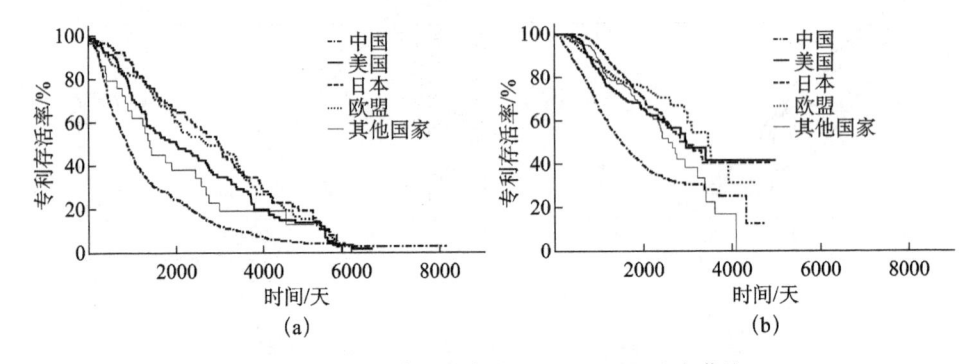

图 6-6　环境技术领域专利 Kaplan-Meier 生存曲线

如图 6-7 所示，发达国家间在机械工程领域的专利存续期差距的变化与环境技术领域有些类似。1985～1992年，日本在机械工程技术领域的专利生存曲线的位置最高，美国和欧盟的专利生存曲线基本重合，且略高于其他国家。但在 1993～2000 年各国间在该技术领域的专利存续期长度的差距也开始变得不甚显著。

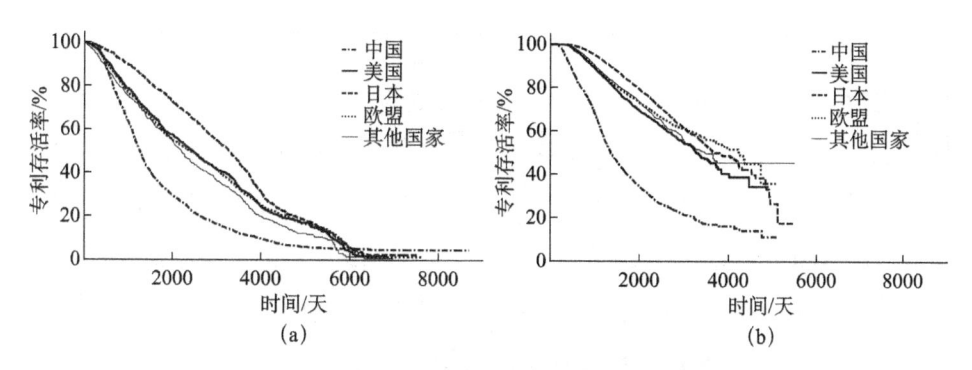

图 6-7 机械工程领域专利 Kaplan-Meier 生存曲线

美国、日本和欧盟是世界上传统的科技创新强国，从上述五个技术领域专利 Kaplan-Meier 生存曲线的对比分析可以看出，这三个国家和地区的专利存续期长于其他国家。1985～1992 年，其他国家在除生物技术领域以外的其他四个技术领域的专利 Kaplan-Meier 生存曲线基本上都处于最低位置。但到了 1993～2000 年，其他国家在部分技术领域同美国、日本和欧盟之间的差异变得不明显，甚至有追赶传统的科技强国的趋势，如电信和信息技术领域、环境技术领域和机械工程领域。在除美国、日本和欧盟之外的其他国家和地区申请的全部专利中，新兴经济体韩国和中国台湾占据了 70% 以上。因此，其他国家和地区相较于美国、日本和欧盟所显示出来的技术追赶效应以这两个经济体为主。通过对国家和地区间专利存续期的对比可以看出，新兴经济体的技术创新能力相较于传统技术强国的确有显著提升。

图 6-3～图 6-7 显示，中国本土申请的专利 Kaplan-Meier 生存曲线的高度在五个技术领域当中皆是最低的。1993～2000 年，在材料技术领域和机械工程领域，中国同国外的专利 Kaplan-Meier 生存曲线的高度差异大于 1985～1992 年（图 6-5、图 6-7）。而在其他三个技术领域中，1993～2000 年，中国同外国间专利 Kaplan-Meier 生存曲线的高度差异相较于 1985～1992 年未有明显的缩小。由此可见，中国同发达国家之间的专利存续期差距没有明显的变化，而且在 2000 年以前，该差距并没有随

时间的推移而逐渐缩小，反而有局部扩大的趋势。这在一定程度上说明，与外国企业相比，中国本土企业的专利存续期始终是最短的，在获得专利授权后不久就由于不再支付专利年费而导致专利权终止。中外企业间专利存续期长度的差距与中国企业在近乎所有的技术领域中的科技水平和技术创新能力都远落后于外国企业这一事实有很大关系。

结合中国企业创新能力普遍落后于外国企业的这一事实，中外企业间巨大的专利存续期长度差异反映了其创新能力的差异。因此，专利存续期长度所包含的信息在很大程度上反映了企业的创新能力，即对于一家企业来说，如果申请的专利的市场盈利能力较强，抑或是专利技术在企业整体战略中受到的重视程度越高，则专利的存续期一般就越长。当然，在分析中外企业间专利存续期长度的差异时也需要考虑到我国整体的知识产权保护环境，本书将在下一部分就这个问题予以更细致的说明。

第四节　中国、欧盟专利保护与专利存续期对比

为了进一步说明我国整体的知识产权保护环境对企业延续专利权意愿的影响，本书再对比一下国外企业在中国和欧盟申请的专利的存续期差异，其中，欧盟专利Kaplan-Meier生存曲线图来自Deng（2007）的研究。图6-8给出的是使用美国、日本和欧盟企业在EPO申请的专利存续期数据做的分技术领域的Kaplan-Meier生存曲线。为了便于对比这些中国、欧盟的企业在不同地区申请的专利的存续期分布情况，本书给出了上述相应国家和地区的企业在中国申请的专利的Kaplan-Meier生存曲线，如图6-9所示。显然，美国、日本、欧盟等国家和地区的企业在EPO申请的专利的存续期普遍长于其在中国申请的专利的存续期。其中，上述国家在EPO申请的专利在4年之内专利权终止的比例皆几乎为零，且每个国家都有20%～50%的专利的存续期达到了最大保护期年限，而这之中又以

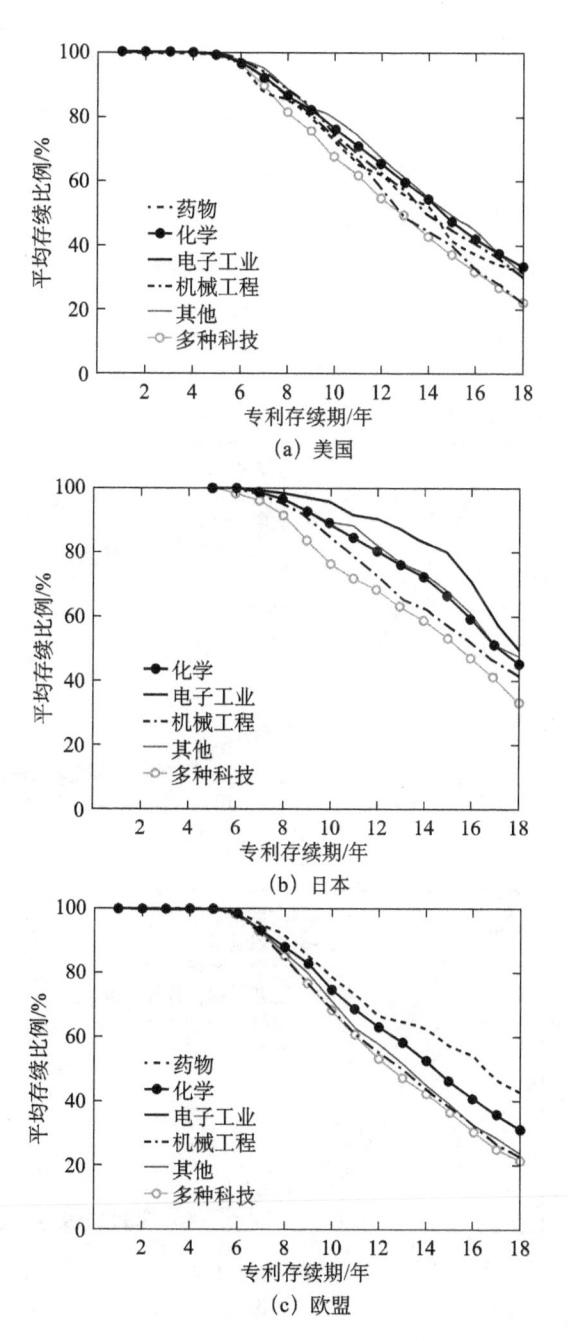

图 6-8　美国、日本、欧盟在 EPO 申请专利的存续期

资料来源：Deng（2007）

日本申请的专利的存续期为最长。上述国家在美国申请的专利的存续期达到最大保护期年限的平均比例甚至高达 41.5%（Bessen，2008）。相比之下，这些国家在中国申请的专利的存续期普遍偏短，如图 6-9 所示，美国、日本和欧盟在国家知识产权局申请的专利的存续期自被授予专利权后在 4 年内终止的比例高达 40%～60%，专利存续期达到 10 年以上的专利数量更是少之又少，而且几乎没有一项专利的保护期被延长到最长保护期限（18 年[①]）。

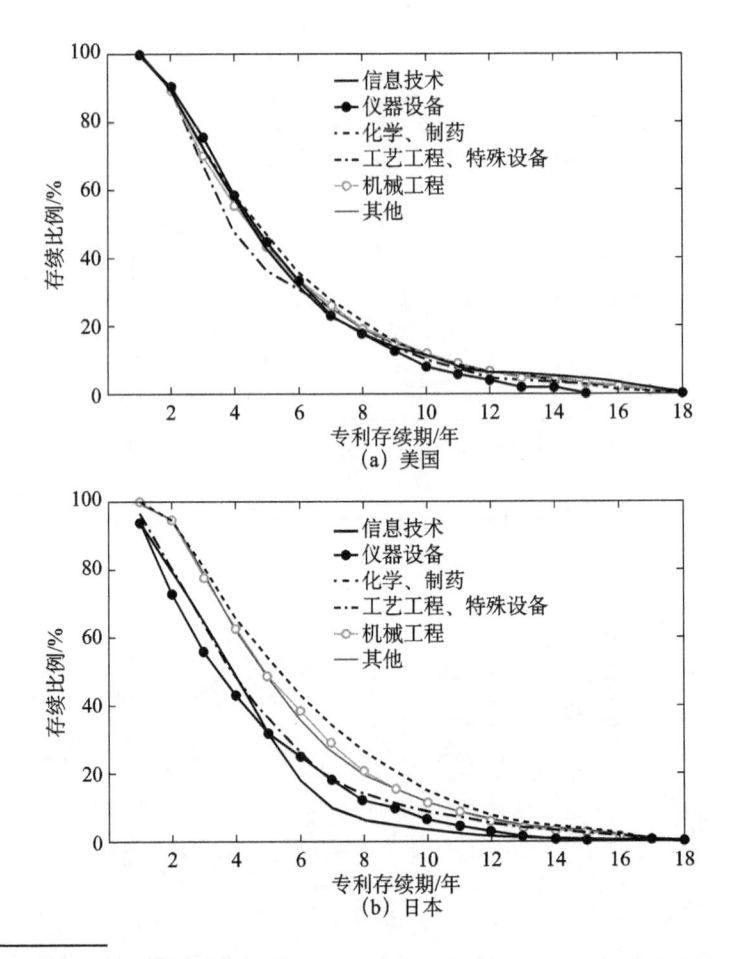

(a) 美国

(b) 日本

[①] 中国发明专利的保护期限为自申请日起 20 年，但由于专利权人自提出专利申请到正式获取专利权有大约两年的时间间隔，本书在计算专利存续期时是自专利授权日算起。Deng（2007）在计算欧洲专利存续期时采取了相同的办法。

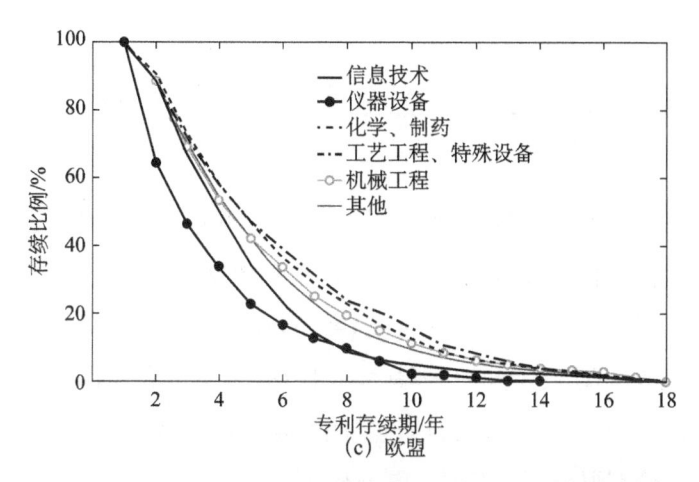

图 6-9　美国、日本、欧盟在国家知识产权局申请专利的存续期
资料来源：Zhang 等（2014）

从专利的市场价值方面看，中国同欧盟、美国技术市场的专利存续期长度存在巨大差异，这很可能是由于不同的技术市场的专利价值的差异，相较于能够产生较低价值的专利，专利权人更愿意为能产生较高价值的专利支付维持费，从而使专利权人能够享受更久的专利权以获取更高的市场价值。对于来自相同国家的专利技术，本书不认为其技术含量有太多差异，导致相同的专利在中国和欧洲技术市场上显示出巨大价值差异的根本原因，更可能是中国与欧盟之间对于专利权保护程度的差异。对于中国这样一个缺乏先进技术，且专利保护制度尚不健全的国家来说，专利侵权行为往往较为普遍，这无疑降低了专利权人应得的收益，并因此降低了专利权的私有价值，使得专利权人延续专利权的意愿降低。因此，从中国与欧盟专利存续期的对比可以看出，中国当前的知识产权制度对于专利权人持有的专利权提供的保护不足，从而也影响了外国企业在中国专利战略的实施。

第五节　国内典型企业的专利存续期比较

再来对比一下国内部分大型企业的专利存续期，以此考察这些企业在技术创新能力方面的差异。由于专利存续期数据需要有较长的观测年限，本书选取了部分拥有较长历史，且现今仍然存活的大型企业，其中包括前面提及的三家大型IT企业——华为、中兴、联想，以及两家国内的石油化工行业巨头——中国石油天然气集团有限公司（简称中国石油）和中国石油化工股份有限公司（简称中国石化）。

如图6-10所示，由于中兴持有的专利的可观测期相对较短，笔者难以观测到其专利后期的存续期情况，因此其专利生存曲线较短；同样，华为、联想和中国石油的专利Kaplan-Meier生存曲线也较短，而中国石化的专利拥有较长的可观测期，其专利Kaplan-Meier生存曲线也较长。由图6-10可以看出，中兴的专利Kaplan-Meier生存曲线所处位置最高，专利授权后4000天左右时间内专利权终止的比例极低，华为的专利生存曲线高度其次；中国石化和中国石油的专利生存曲线重合度较高，尤其在时间轴的前半段，并且两家石油巨头的专利生存曲线都位于较为居中的位置；相比之下，联想的专利生存曲线的位置在五家大型企业当中是最低的。在可观测的专利存续期范围内，联想相较于其他两家同行业企业——华为和中兴——的专利存续期明显偏短。结合前面联想专利申请量明显少于华为和中兴的事实可以看出，联想在技术创新能力方面确实弱于华为和中兴。

中国石化和中国石油的专利存续期曲线也明显低于华为和中兴，但是，处于不同行业的企业的创新能力难以直接对比。从石油化工技术领域看，我国最大的两家垄断型企业中国石油和中国石化在该技术领域的专利Kaplan-Meier生存曲线在时间轴的前半段的重合度较高。但是，中国石油的专利Kaplan-Meier生存曲线难以延续到时间轴的后半段（曲线呈现阶梯式的下降多是由于存续能够延续到该时间段的专利权的比例极低），这说明相较于中国石化，中国石油公司很少有较长存续期的较高价值专利。从专利存续期长度的对比基本可以看出，中国石油的技术创新能力可能弱于中国石化。这一点也可以通过拥有的发明专利数量反映出来。截止到2013年，中国石油共申请了4794项发明专利，远低于中国石化的14 835项发明专利。

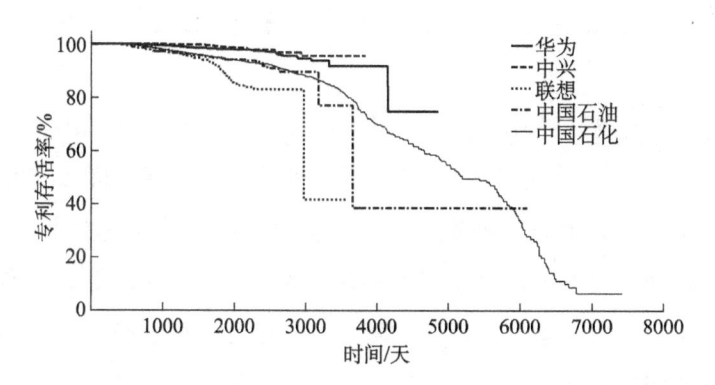

图6-10　国内五家大型企业的专利Kaplan-Meier生存曲线

第六节　国有企业与民营企业的专利存续期对比

上述五家公司的所有制有所差异，其中，华为自成立之初至今始终是民营企业，而中国石油和中国石化则是国家一手创办并大力扶植的垄断性国有企业，中兴和联想的所有制结构较为复杂。中兴是国有企业与民营企业联合创办的企业。前任中兴总裁侯为贵原来是深圳市中兴维先通设备有限公司的创始人，该公司为民营企业，侯为贵是该公司的最大股东。1993年4月，由中国航天工业总公司所属深圳航天广宇工业公司和深圳市中兴维先通设备有限公司合资设立中兴通讯股份有限公司，侯为贵任总裁。尽管民营方面掌控着企业的实际控制权，但目前的中兴被认为是国有企业，因为国有股处于控股地位。联想的所有制结构也类似，联想最初是由中国科学院计算技术研究所于 1984 年投资 20 万元人民币创建的，到目前为止联想最大的股东仍然是中国科学院。基于上述五家企业表现出的所有制方面的差异及专利存续期分布的差异，本书有必要进一步扩大观察范围，综合比较研究国有企业与民营企业在专利存续期方面的差异。同时，由于中国国有企业历史上数次历经深度重组，其经营体制机制在重组前后发生了巨大变化，因此，需要将国有企业重组前后的专利存续期分开讨论。

通过认真筛选，本书保留了国内约 1.4 万家国有企业和民营企业申请的共计 7.38 万项发明专利。若要分析企业重组前后专利存续期的差异，本书需要考虑如何确定企业重组的时间，对于中国的国有企业改制来说，其重组的时间一般不容易确定。本书采取的办法是通过电话访谈和互联网搜索的方法，确定企业开始重组的年份，并以此时间为分界线，将企业申请的专利按照申请年份分开。

根据政府在国有企业改革过程中实行的"抓大放小"的改革原则，大部分中小型国有企业转为民营企业，而大型国有企业在改革后依然保持国有性质。因此，在不考虑外资参与及集体企业的情况下，我国企业重组前后的性质大致可做如下划分：重组前的国有性质企业，重组后转为民营性质的企业，重组后保持国有性质的企业，以及创立之初便为民营性质的企业（下文称为"纯民营企业"）等。此外，处于竞争行业的国有企业往往会受到同行业竞争者的直接冲击，相比之下，处于垄断行业的国有企业则几乎不存在竞争方面的压力。两种类型的国有企业所面临的经营环境存在显著的差异，鉴于此，本书将垄断行业国有企业和竞争行业国有企业分开进行分析[1]。由于纯民营企业的经营一般较为稳定，本书并不考虑纯民营企业的重组问题。样本中各类性质企业申请的专利数量如表 6-2 所示。

---

[1] 垄断行业企业主要包括水、电力、公共交通、烟草、石油、天然气、电信、铁路运输等行业的国有企业。

表 6-2　样本中各类企业申请的专利数量

时间	企业类型	申请专利数量/件
企业重组前	纯民营企业	38 105
	竞争行业国有企业	7 127
	垄断行业国有企业	15 019
企业重组后	重组后转为民营性质的企业	4 413
	竞争行业国有企业	3 210
	垄断行业国有企业	5 955

本书使用重组前后的企业申请专利的数据，绘制了专利存续期的 Kaplan-Meier 生存曲线，如图 6-11 所示。由图 6-11 可以看出，相较于重组前，企业重组后专利存续期有了显著延长，说明企业重组后专利存续期有了显著提升。由于企业重组后的所有权性质变动较大，因此研究重组后的国有企业与生产经营始终较为稳定的纯民营企业在专利存续期方面的差异更有意义。

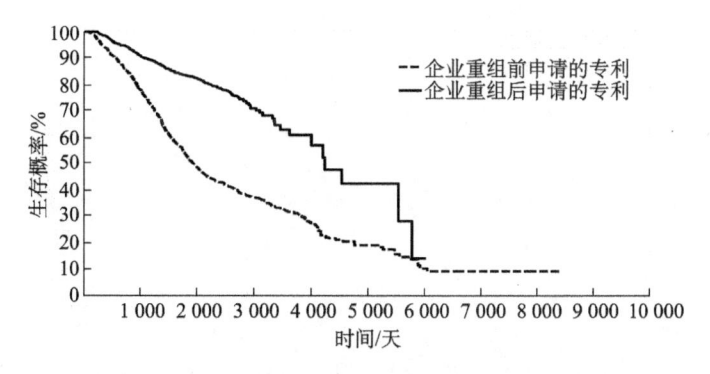

图 6-11　国有企业重组前后申请的专利存续期的 Kaplan-Meier 生存曲线

图 6-12 根据企业所有权性质和重组的时间对专利样本数据进行了进一步划分。由图 6-12 可以看出，各类企业专利的 Kaplan-Meier 生存曲线所处的位置基本没有太大交叉，层次较为分明。其中，垄断行业国有企业的专利 Kaplan-Meier 生存曲线在整个时间轴上基本都处于最高位置，纯民

营企业其次，重组后转为民营性质的企业则高于竞争行业国有企业。

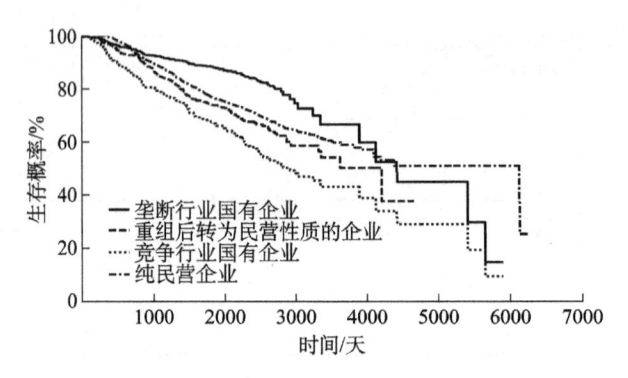

图 6-12　重组后的国有企业与民营企业专利的生存曲线

通过上述对比可以看出，在竞争行业，尽管我国国有企业历经改制重组之后创新能力有了较大幅度的提升，但仍落后于民营企业。但是，垄断行业国有企业创新能力方面的竞争优势相较于其他类型企业，尤其是民营企业是极为明显的。

第七章

中国专利保护的演变与地区性保护差异

第一节 《中华人民共和国专利法》中专利侵权惩罚性条款的演变

我国政府部门对专利侵权的认知是逐步加深的。表7-1摘取了中国各个版本的《中华人民共和国专利法》中有关专利侵权的惩罚条款。如表7-1所示，早期第一版的《中华人民共和国专利法》更多的是采用行政手段对专利侵权予以禁止和处罚，而且并未就专利侵权在经济方面的赔偿做详细规定；第二版《中华人民共和国专利法》在专利侵权赔偿和惩罚方面的规定相较于第一版并未有实质性变化；相比之下，第三版《中华人民共和国专利法》则有了明显的改进，对专利侵权的罚款上限数额进行了规定，并增加了将专利侵权视作刑事犯罪的可能，从而加大了对专利侵权惩罚的力度；第四版《中华人民共和国专利法》进一步提高了专利侵权的罚款上限数额，将最高罚款金额从五万元人民币提高到二十万元人民币，并规定了专利侵权的经济赔偿额；目前正在征求意见的新版《中华人民共和国专利法修改草案（征求意见稿）》又增加了对故意侵犯专利权行为的认定，并增加了相应的惩罚性条款，根据侵权行为的情节、规模、损害后果等因素将赔偿数额提高至两到三倍。由此可见，《中华人民共和国专利法》对专利侵权行为的重视程度日益提升，处罚力度也日益加大。但是，《中华人民共和国专利法》中对专利侵权行为的行政执法权限力度依然弱于其他国家的法律。

表 7-1 各个版本的《中华人民共和国专利法》中有关专利侵权的惩罚条款

《中华人民共和国专利法》版本	生效年份	相关条款
第一版	1985	第六十条规定，对未经专利权人许可，实施其专利的侵权行为，专利权人或者利害关系人可以请求专利管理机关进行处理，也可以直接向人民法院起诉。专利管理机关处理的时候，有权责令侵权人停止侵权行为，并赔偿损失；当事人不服的，可以在收到通知之日起三个月内向人民法院起诉；期满不起诉又不履行的，专利管理机关可以请求人民法院强制执行
		第六十五条规定，侵夺发明人或者设计人的非职务发明创造专利申请权和本法规定的其他权益的，由所在单位或者上级主管机关给予行政处分
第二版	1993	第六十条规定，对未经专利权人许可，实施其专利的侵权行为，专利权人或者利害关系人可以请求专利管理机关进行处理，也可以直接向人民法院起诉。专利管理机关处理的时候，有权责令侵权人停止侵权行为，并赔偿损失；当事人不服的，可以在收到通知之日起三个月内向人民法院起诉；期满不起诉又不履行的，专利管理机关可以请求人民法院强制执行
		第六十五条规定，侵夺发明人或者设计人的非职务发明创造专利申请权和本法规定的其他权益的，由所在单位或者上级主管机关给予行政处分
第三版	2001	第五十八条规定，假冒他人专利的，除依法承担民事责任外，由管理专利工作的部门责令改正并予公告，没收违法所得，可以并处违法所得三倍以下的罚款，没有违法所得的，可以处五万元以下的罚款；构成犯罪的，依法追究刑事责任
		第五十九条规定，以非专利产品冒充专利产品、以非专利方法冒充专利方法的，由管理专利工作的部门责令改正并予公告，可以处五万元以下的罚款
		第六十条规定，侵犯专利权的赔偿数额，按照权利人因被侵权所受到的损失或者侵权人因侵权所获得的利益确定；被侵权人的损失或者侵权人获得的利益难以确定的，参照该专利许可使用费的倍数合理确定

续表

《中华人民共和国专利法》版本	生效年份	相关条款
第四版	2008	第六十三条规定，假冒专利的，除依法承担民事责任外，由管理专利工作的部门责令改正并予公告，没收违法所得，可以并处违法所得四倍以下的罚款；没有违法所得的，可以处二十万元以下的罚款；构成犯罪的，依法追究刑事责任 第六十五条规定，侵犯专利权的赔偿数额按照权利人因被侵权所受到的实际损失确定；实际损失难以确定的，可以按照侵权人因侵权所获得的利益确定。权利人的损失或者侵权人获得的利益难以确定的，参照该专利许可使用费的倍数合理确定。赔偿数额还应当包括权利人为制止侵权行为所支付的合理开支。 权利人的损失、侵权人获得的利益和专利许可使用费均难以确定的，人民法院可以根据专利权的类型、侵权行为的性质和情节等因素，确定给予一万元以上一百万元以下的赔偿
《中华人民共和国专利法修改草案（征求意见稿）》	尚未正式生效	第六十三条规定，假冒专利的，除依法承担民事责任外，由专利行政部门责令改正并予公告。非法经营额五万元以上的，可以处非法经营额一倍以上五倍以下的罚款；没有非法经营额或者非法经营额五万元以下的，可以处二十五万元以下的罚款；构成犯罪的，依法追究刑事责任 第六十五条规定，侵犯专利权的赔偿数额按照权利人因被侵权所受到的实际损失确定；实际损失难以确定的，可以按照侵权人因侵权所获得的利益确定。权利人的损失或者侵权人获得的利益难以确定的，参照该专利许可使用费的倍数合理确定。赔偿数额还应当包括权利人为制止侵权行为所支付的合理开支。 权利人的损失、侵权人获得的利益和专利许可使用费均难以确定的，人民法院可以根据专利权的类型、侵权行为的性质和情节等因素，确定给予一万元以上一百万元以下的赔偿。 对于故意侵犯专利权的行为，人民法院可以根据侵权行为的情节、规模、损害后果等因素，将根据前两款所确定的赔偿数额提高至二到三倍

第二节 专利保护的地区性差异

由于我国地区间的发展水平差异极大，不同地区对专利侵权行为的执法力度也存在很大差异。企业创新能力强的地区对知识产权的保护程度也较强，例如，北京、上海、广州三个城市领先于其他地区成立了知识产权法院。相比之下，企业创新能力弱的地区的知识产权保护观念则较弱。创新能力弱、经济欠发达的省份的企业侵犯创新能力强、经济发达省份的企业的知识产权的现象十分普遍。专利的跨地区行政执法在中国还存在相当大的困难。这主要是由我国各地区间经济发展的竞争机制，官员以GDP绩效考核为主的晋升机制导致的。一般认为，对专利侵权行为的严格执法短期内会降低一个创新能力较低的地区的经济发展水平，而对创新能力较高的地区有利。在这种机制的左右下，企业创新能力强的地区希望加大专利保护力度，而经济相对落后的地区则更希望降低专利保护力度。地区间对专利保护的认识存在差异为专利的异地跨区执法，如异地调查取证、案件跨地区移送等带来了极大的难度，由此使得许多侵犯知识产权的案件在地方保护主义的干扰下难以得到有效解决。近些年，我国各省份与城市之间已经陆续开始建立一些跨区域专利行政执法协作机制，形成了一些相邻或者交叉的跨区域知识产权行政执法协作圈，以期在一定意义上在一体化的地区内应对跨区域的专利违法行为。但是，在实践中，在现有的行政管理体制和法律制度条件下，跨区域专利保护受到了行政区域分割、制度建立、实施等方面的多重限制（周时文，陶冶，2013）。

此外，我国的知识产权管理部门未能涵盖市、县级人民政府的专利管理工作，使得专利的行政执法工作在行政级别越低的地区越难执行。我国的专利法仅规定了国务院管理专利工作部门的性质为行政性质，但关于各省（自治区、直辖市）与县、区级人民政府管理专利工作部门的性质没有做明确规定，由此导致我国基层知识产权管理机构的性质不明确。

回顾与总结

本篇重点分析了中国企业特有的专利行为。进入 21 世纪后，中国企业的专利申请量大幅度增长，这一方面是由于我国企业的技术创新能力有了显著的提高，许多国内企业拥有了较强的技术创新竞争力，另一方面也是由于我国企业知识产权意识的提升，越来越多的企业懂得利用专利来实现自我保护。但是，我国企业对待专利申请的态度差异较大，有的高技术企业极为重视申请专利，譬如华为、中兴、富士康，这些企业作为中国信息技术领域和加工制造领域的领军企业，为其他企业树立了良好的典范。但相比之下，更多的高技术企业似乎并未将专利提升到战略高度，使得许多企业最终的发展前景迥异。本篇重点对比了华为、中兴和联想三家公司。联想作为从中国科学院衍生出来的企业，坐落在北京中关村这一在中国信息技术领域有着重要地位的区域，但由于缺乏技术创新意识，目前无论是经营规模还是创新能力，都远落后于华为和中兴这两家不具备太多先天优势的企业。尽管多数人认为富士康是一家加工制造企业，没有太多技术含量，也不需要太多专利，但本书惊讶地发现这家公司的专利申请量竟然在过去的数年间始终位居全国第一，一些非常精细且不起眼的技术改进也被富士康申请了专利。本篇还分析了中国国内最大的七家手机厂商，即小米、华为、联想、中兴、酷派、TCL、vivo 的专利申请情况，并对其反映的技术创新能力方面的差距进行了深入对比分析。国内企业对研发重视的程度不同，导致企业的创新能力存在一定的差异，这一点可以通过不同企业间专利申请量和专利存续期的差异反映出来。从专利申请反映出来的问题看，中国企业的技术创新能力相较于外国企业仍有巨大差距。这使得中国企业的国际化路程举步维艰，处处受到跨国公司的专利围堵，在面对这些专利围堵的时候，有的企业在遭受重重打击后才能够突破重围，譬如天津海鸥集团，但多数国内的出口企业则往往无计可施。

不仅如此，国外企业相较于国内企业更善于利用看似平凡的专利申请、审查和授权过程服务于自身的专利战略。譬如，国外企业在提出专利申请后，并不急于获取专利权，而是往往在专利审查期快要结束的时候才向中国国家知识产权局提请实质审查，多数跨国公司往往在其认为有必要的时候才去努力获取专利权。相比之下，国内企业获取专利权的心态则比较着急，这些结论是本篇在对企业申请专利的条件寿命期，即从专利申请到专利授权这段时间的长度的分布进行对比分析后发现的。专利的条件寿命期长度在一定程度上反映了专利技术的市场战略、竞争战略、引诱专利侵权战略等专利战略行为，跨国公司经常会根据自身的专利战略需要选择较长或者较短的条件寿命期，这一点是值得大多数中国本土企业学习与参考的。

本篇还利用 Kaplan-Meier 生存曲线方法对比分析了国内外企业的专利存续期，即从专利授权至专利权终止这段时间的长度，从中发现国内企业的专利存续期普遍短于国外企业。这一方面是由国内企业申请的专利的技术含量低导致的，另一方面也是由国内企业申请专利的非知识产权保护意图导致的。不仅如此，跨国公司在中国申请专利的专利存续期也比它们在国外申请专利的专利存续期短，这可能主要是中国目前的专利保护力度不足，致使跨国公司延续专利权的意愿不高导致的。国内企业的专利战略意识也比国外企业弱，缺乏依靠专利进行自我保护的意识。但是，国内企业较弱的专利意识也可能与中国广泛存在的专利的非技术保护类用途有关，譬如，许多企业通过申请专利来获得国家的各种政策性补贴，以及各类公共研发资金的资助等。企业在这种情况下关注的重点一般不在于专利本身是否能够获得国家知识产权局的知识产权认证，拿到专利授权书无疑是更加关键的问题。过多的企业注重专利的非知识产权保护用途，势必会增加低技术含量乃至无技术含量的专利申请，这些非知识产权用途使得国内企业更加急于获取专利权，而较少思考申请专利背后的战略问题。尽管随着时间的推移，《中华人民共和国专利法》越来越完善，对于专利侵权所施加的惩罚也越来越重，但是，由于存在异地侵权执行的困难等诸多问题，目前中国的专利制度的有效性仍然不高，要克服这些问题，中国依然有很长的路要走。

第三篇
企业专利战略

第八章

跨国公司在中国的专利战略

在现代专利环境中，企业的专利申请动机的战略性考虑越来越多。从第二篇中的内容可以看出，企业的专利行为当中隐含着许多专利战略的思考，甚至专利审查这一看似简单的过程也可以为企业所利用，专利战略思考较多的企业的专利行为同思考较少的企业的专利行为有很大差异，这一点在国内外企业间的差异尤其明显。但是，目前关于专利战略的实际制定和实施依然没有成熟的模式（任声策，宣国良，2007），本书试图从多个研究视角入手展开深入分析，努力在企业专利战略研究领域有所贡献。

第一节 "专利流氓"

"专利流氓"，英文名字是 patent troll，又被称为"专利蟑螂""专利鲨鱼"，是指那些没有实体业务，主要通过积极发起专利侵权诉讼而生存的皮包公司。由于没有实体业务，国际上又称其为非执业实体（non-practicing entities，NPE）。"专利流氓"通过向原专利权人购买专利权而成为专利技术的实际持有者，然后再利用其购买的专利向涉嫌侵权的目标公司发起专利侵权诉讼，目标公司缴纳的专利费是其主要的收益来源。图 8-1 给出了"专利流氓"业务运行的流程。"专利流氓"一般被认为是产业的"毒瘤"，尽管多数企业对"专利流氓"深恶痛绝，但要想在施行专利制度的社会中杜绝"专利流氓"是一件非常困难的事情。通过主动发起专利诉讼，许多"专利流氓"获得了高额的利润，甚至存在许多高科技公司退出其主营领域后主动转变为"专利流氓"的情形。"专利流氓"给产业界带来了极大的困扰，尤其是极具实力的大型高科技公司，如苹果、思科等，都是"专利流氓"的受害者。

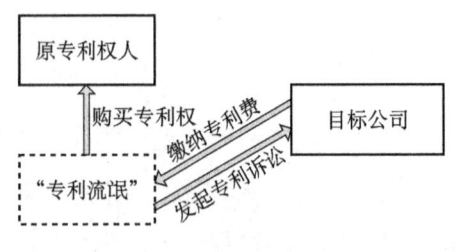

图 8-1 "专利流氓"经营模式

因为通过发起专利诉讼可以较容易地获得收益，所以在知识产权保护越严格的国家，善用专利诉讼投机的"专利流氓"就越多。以美国为例，20 世纪 80 年代美国专利诉讼案件不到 1000 件，1990 年为 1000 多件，2000 年约有 2500 件，而到了 2010 年则上涨到了 5000 件之多（Bessen，2015）。根据哈佛大学 2014 年度的一份研究，2001～2011 年的十年之内，在美国国内被非执业实体控告的企业从 11 家激增到 336 家，但是，同一时间内被执业实体控告的企业数量却始终维持在 150 家上下，如图 8-2 所示。由此可见，"专利流氓"的活动正日趋频繁，"专利流氓"的出现使专利制度保护的范围不仅局限于研发成果真正需要专利保护，真正从事研发活动的高技术企业和个人，更保护了一些善于利用专利制度空档，而不真正从事研发活动的投机者。"专利流氓"如此之多，以至于许多跨国公司不堪其扰，甚至不得不放弃美国市场而转向其他专利保护不太严格的国家（Bessen，2015）。

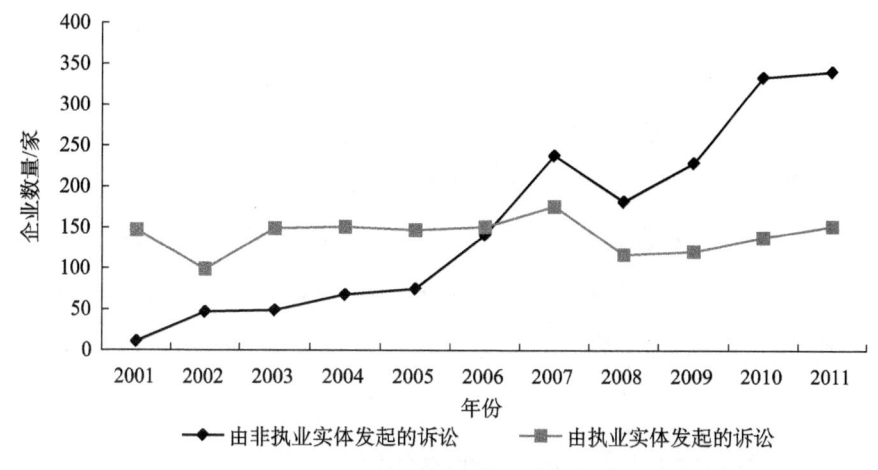

图 8-2 美国 2001～2011 年被执业实体和非执业实体起诉的企业数量
资料来源：Bessen（2015）。

一、苹果公司也陷入了侵权困境

苹果公司被誉为当前 IT 界最具有创新活力且表现最佳的企业，在和三星的世纪专利诉讼大战当中，苹果凭借其技术优势一直是胜多败少。然而，就在苹果和三星的专利大战进行得如火如荼时，SmartFlash 公司却突然冲出来向苹果索赔。SmartFlash 声称苹果侵犯了该公司与"通过支付系统的数据存储和访问管理"有关的三项专利，以 Game Circus LLC 的 Coin Dozer 和 4 Pics 1 Movie 这两款应用为例，SmartFlash 公司要求苹果赔偿 8.52 亿美元，并且要求获得 iTunes 销售的产品的部分（按比例）收益。而苹果方面表示没理由按照手机的价格来支付版税，因为 SmartFlash 公司所起诉的技术仅是一个非常常见且单一的功能。2015 年 2 月，得克萨斯州的联邦陪审团最终判定苹果的 iTunes 产品侵犯了 SmartFlash 公司在软件和游戏分发服务上的专利，并勒令苹果赔偿 SmartFlash 公司 5.33 亿美元[1]。而后不久，SmartFlash 又再次起诉苹果，要求苹果为新产品，包括 iPhone 6、iPhone 6 Plus 和 iPad Air 2，使用未得到该公司授权的专

---

[1] Smartflash 搞定苹果 专利流氓盈利 33 亿. http://tech.hexun.com/2015-02-27/173582267.html [2015-02-27].

利而付费①。不仅如此，SmartFlash 公司还向三星、谷歌、亚马逊公司提起了类似的专利诉讼。尽管被判定胜诉，但据调查 SmartFlash 公司自身其实并无实体业务，仅通过授权手中掌握的七项专利进行盈利。

苹果作为 IT 领域最成功的公司之一，很容易成为"专利流氓"袭击的目标。除了苹果这类大型跨国公司会成为被"专利流氓"攻击的目标外，"专利流氓"也会袭击处于初创期的中小型企业。大企业在被侵袭后尚有能力恢复，但中小企业一旦被"专利流氓"盯上，则有覆灭的危险。

二、"专利流氓"：中小企业的终结者

1990 年成立的 Webtech 公司②是美国一家较为成功的小型企业，致力于使用相关研究领域专业程序员常见的互联网工具和方法为客户提供基于互联网技术的商业解决方案。Webtech 公司基于"满足客户需求"的理念开发了多种应用程序，并取得了客户的一致好评，公司发展势头较好，2015 年已经成为拥有将近 200 名员工的较有实力的小型企业。但是，Webtech 公司却正受到专利的威胁，更确切地说，有人利用专利制度的漏洞威胁到了 Webtech 公司的生存。在过去的两年半时间里，Webtech 公司收到了七起专利诉讼，这些专利诉讼皆来自非执业实体，即"专利流氓"。这些专利都是通过最常见的互联网技术申请的，如主题相关的地理地图（topic-related geographic maps）。自 20 世纪 70 年代开始，地理信息技术已为公众所广泛使用，且互联网上基于该技术开发的应用程序一般都会有诸多相似之处。但就是这样一个不起眼的技术，却被"专利流氓"利用并申请了专利。"专利流氓"利用这项专利不仅起诉了 Webtech 公司，甚至还起诉了上百家其他 IT 公司。这些专利的威胁似乎很弱，但由此带来的频繁的专利诉讼却往往要花费上百万美元的诉讼费。

---

① 对 5.33 亿赔偿不满意？Smartflash 再次起诉苹果. http://tech.sina.com.cn/it/2015-02-27/doc-iavxeafs1337583.shtml [2015-02-27].
② 此案例来自 Bessen（2015）。在原著中，Bessen 应 Webtech 公司的要求隐匿了公司的真实名称。

由于需要花费大量时间和精力应对这些专利诉讼,"专利流氓"给 Webtech 公司带来了巨额的时间和金钱损失。由于"专利流氓"的侵扰,Webtech 公司的客户也陷入了被起诉的危险之中,而处于互联网大潮当中的 Webtech 公司对此往往无能为力。Webtech 公司因此损失了两百多万美元的合同,这个数目的合同在美国一般会带来 7～9 个薪水不错的就业机会。如果"专利流氓"侵扰持续增加,Webtech 公司将不得不考虑放弃一条生产线并裁掉部分员工。在这个案例中,专利非但未能起到鼓励技术创新的作用,反而阻碍了技术创新,尤其是中小企业的技术创新。当创业者试图将自己的商业模式或新技术推向市场时,面对的创新空间一般极为狭窄,由成熟的技术所搭织的专利丛林中往往布满了陷阱,若不对相关技术进行及时跟踪和了解,很可能会陷于专利诉讼的灾难之中,而且即使是经过了细致的分析,往往也难以发现这些专利陷阱,而这对于处于初创期的创业企业来说往往是致命的。

三、诺基亚:倾倒的手机巨头是否会成为"专利流氓"

诺基亚自 1996 年以来连续 14 年占据着手机市场份额第一位,由于坚持 Windows 手机操作系统而弃用谷歌的安卓操作系统而轰然倒塌,于 2013 年被微软公司收购。尽管诺基亚公司的战略选择失误导致了其被收购的结局,并因此出售了手机业务部门,但诺基亚公司却保留了 Solutions&Networks 部门及先进技术部门,这两个部门掌握着大量手机相关专利组合。这些专利组合是诺基亚在无线通信技术领域 20 年的累积,包含了 1 万多项手机通信专利技术,其中许多专利都已经成了通信行业标准专利。诺基亚在被收购的前几年内发起了多项专利诉讼,将苹果、HTC、RIM 和优派等多个手机制造商一一告上了法庭。

诺基亚的做法并非个案。另一位通信业巨头爱立信于 2011 年将其原有的手机业务全部转让给索尼,在此后的两年时间内,曾通过专利诉讼、专利分包及其他方式,直接或间接地向手机终端制造厂商收取了高额的专利费。据业界人士分析，剥离主营业务后的爱立信公司将专利许可费提高了将近10倍[1]。

由上述案例可以看出，当持有关键专利技术的公司依然从事生产经营活动的时候，这些公司一般不会将主要的时间和精力放在专利侵权诉讼上。而一旦这些公司破产，它们就拥有更多的时间和精力去向其他公司索取专利收益。

第二节 滥用专利的"流氓行为"

比"专利流氓"更为常见的是滥用专利的"流氓行为"。与非执业实体相比，执业实体的存在范围无疑更为广泛，同行业执业实体之间的竞争体现在许多方面，其中就包括专利竞争。企业通过大量申请专利意图在技术市场上跑马圈地的行为屡见不鲜，企业利用专利相互起诉、相互攻击的情况也十分常见。当专利竞争日趋激烈时，部分专利竞争行为甚至演化为"流氓行为"，例如，为了限制产业链中下游企业威胁到自身的市场地位，位于产业链上游的企业经常会利用其技术优势和垄断地位设置各类技术标准，当其他企业想要进入该行业的时候，会发现自己总是绕不过上游企业持有的标准专利。这种疑似滥用专利的"流氓行为"无疑不利于处于技术劣势的发展中国家的企业。许多跨国公司为了保证自己持续地获得更高的市场收益且维持自身的市场地位，经常会利用其掌握的大量专利做出一些"流氓行为"。

一、企业合谋：保护失效专利，推迟新产品上市

总部位于勒沃库森的拜耳（Bayer）公司是德国最大的产业集团，经

---

[1] 商院案例：诺基亚或成超级"专利流氓". http://edu.sina.com.cn/bschool/2013-12-05/1708403289.shtml [2013-12-05].

营领域涉及高分子、医药保健、化工及农业。拜耳公司与1970年成立的美国Barr Laboratories公司签订了新药延期上市协议，协议中约定拜耳公司向Barr Laboratories公司支付3.98亿美元，以使Barr Laboratories公司同意推迟其研制的Cipro（盐酸环丙沙星制剂）仿制药入市，日期到2003年6月[①]。根据2013年美国联邦最高法院的一项判决，原研药和仿制药企业间为和解专利诉讼而达成的反向支付协议可能触犯反托拉斯法。拜耳公司与Barr Laboratories公司间的协议也因此被美国药店连锁运营商起诉到了法院。尽管下级法院驳回了美国药店连锁运营商的起诉，但美国加利福尼亚州的高等法院推翻了下级法院驳回起诉的决定，就德国医药巨头拜耳公司就其Cipro抗生素药达成的反向支付协议重启集团诉讼程序[②]。

拜耳公司与Barr Laboratories公司的协议将新药推迟上市，是一种典型的企业间的专利合谋行为，这对合谋双方都是有利的：一方面，拜耳公司可以继续从其原有药当中获得收益，另一方面，Barr Laboratories公司也可以通过推迟新药上市从拜耳公司获取额外的利润。这种协议是一种疑似滥用专利的"流氓行为"，对于患者来说无疑是不利的，因为该协议相当于变相地延长了保护期届满的专利权的保护期，使得消费者可使用新药的日期推后。事实上，跨国公司变相利用专利的疑似"流氓行为"极为普遍，下文将要介绍的高通公司的"反向专利授权模式"便是其中的典型案例之一。

二、强制反向专利授权：一种新形式的"流氓行为"

高通（Qualcomm）公司是一家位于美国加利福尼亚州圣迭戈市的无线电通信技术研发公司，它成立于1985年，在以技术创新推动无线通信向前发展方面扮演着重要角色。高通以其在CDMA技术方面处于领先地

---

① 美国最高法庭驳回药店连锁运营商反垄断诉讼. http：//info.pharmacy.hc360.com/2011/03/090856258082.shtml [2011-03-09].
② 中国将出重拳整治医疗器械反垄断法. http：//www.zyzhan.com/news/detail/47213.html.

位而闻名。通过检索美国专利数据库的作者发现，第一项 CDMA 相关技术专利是由美国军方于 1982 年申请的，CDMA 之前为美国军方的安全无线通信技术，而高通正是从美国军方获得了第一份 CDMA 研发合同，并于 1989 年申请了两项 CDMA 技术专利。目前，高通在全球 3G 和 4G 通信网络建设方面起着主导作用，拥有 3900 多项 CDMA 及其相关技术的美国专利，并已经向全球 125 家以上电信设备制造商发放了 CDMA 专利许可[①]。高通在移动芯片技术方面始终处于全球领先的地位，曾经一度占据了全球移动芯片市场的半壁江山。2013 年，高通移动处理器的市场份额高达 48.60%，远高于排名第二和第三的三星和联发科公司的 28.44% 和 7.78% 的市场份额。尽管 2014 年高通移动芯片受到了三星和联发科公司的严峻挑战，但仍然牢牢占据着全球移动芯片的头把交椅。

高通作为全球移动通信技术的领头羊，为移动通信技术领域的发展做出了卓越的贡献，但是，高通也是全球最具争议乃至最违反常规的公司。依托在移动通信技术领域无与伦比的技术优势，高通发明了一种独特的反向专利授权方式。这种专利授权方式规定，购买高通芯片和软件的授权厂商拥有使用其他第三方专利的权利，而且，根据第三方授予高通的专利许可的权利用尽机制，不需要支付额外的专利费。第三方通过该机制授予高通制造、使用和销售其芯片及软件解决方案的权利。更具体地说，如果智能手机厂商想要用高通的移动芯片，就不得不把它们自己拥有的专利许可给高通公司，这样当高通的移动芯片被出售给其他手机生产商的时候，便不用再向原智能手机厂商支付专利使用费了。

高通公司依靠其在移动通信技术领域无与伦比的技术优势，在全球推行这种反向专利授权方式。显然，反向专利授权方式带有相当程度的霸王条款的意味。也正因为如此，高通曾在全球多个地方，如美国、日本、韩国、欧洲等地遭受过反垄断调查与诉讼。尽管高通在这些反垄断诉讼中赔

---

① 高通. http://baike.baidu.com/link?url=LpPrVw1dfvOvrQ4xw_uY9Uxw3gxGEKOfKwbl6XMcHrIcZx6469-EgwydX6sg5t97Y9gzLF6sliDeFYiAhVfM3_［2017-5-2］.

付的金额数目惊人，但似乎仍难以改变其垄断意味十足的专利授权模式，包括华为、中兴、联想、小米等国产手机厂商都不得不被迫接受。2015年2月，我国国家发展和改革委员会终于就高通涉嫌滥用市场支配地位的行为向其开出了高达60.88亿元人民币的天价罚单。此后，欧盟又于2015年7月宣布正式对高通发起两项反垄断调查。高通在全球推行其反向专利授权的意图几乎在所有主流经济体中都以惨败收场，然而令人惊讶的是，高通似乎仍在固执地坚持。目前在印度这个移动通信市场竞争极为激烈、手机价格极为低廉的国家，高通的专利授权模式仍在勉强推行。2014年，爱立信在印度对小米提起专利诉讼后，小米手机在印度一度停止销售。但是，在高通反向专利授权协议的保护伞下，印度德里法院允许小米在印度销售使用高通处理器的智能手机[1]。

尽管全球多个国家发起了针对高通的反垄断"围剿"，认为其经营模式限制了移动通信技术的发展，但是，从另一个视角看，高通的新型专利授权模式对移动通信产业也有一定的贡献。高通搭建了一个专利强行授权的平台，通过批量交叉专利授权的方式，降低了整个行业的专利使用费，从而为大幅度降低智能手机的价格做出了卓越的贡献，使消费者尤其是低端手机消费者获得了实惠。图8-3给出的是全球CDMA2000低端手机的平均批发价格。由图8-3可以看出，从2003年第4季度到2006年第1季度，价格最低的CDMA2000手机的平均销售价格从87美元下降到了43美元，降幅高达51%，而CDMA2000手机的平均销售价格从77美元下降到42美元，降幅也高达45%。下降的平均销售价格显示了高通为低端手机市场，特别是为发展中国家的手机市场开发低成本芯片所做出的努力。此外，高通还在努力研发功能更为丰富的通信设备，从而使手机厂商能够生产具有差异化的高端产品。

---

[1] 小米印度暂获喘息：高通投资成最后防具. http://tech.qq.com/a/20141217/011351.htm [2014-12-17].

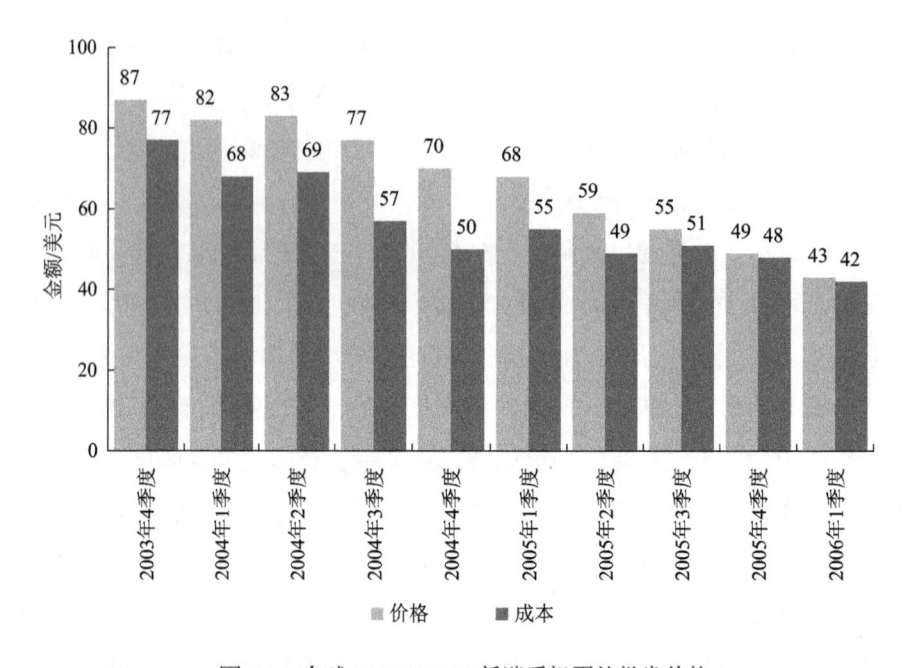

图 8-3 全球 CDMA2000 低端手机平均批发价格

资料来源：高通固定专利费结构　协议期间费率保持不变. http://news.ccidnet.com/art/1522/20070705/1135705_1.html [2007-07-05]

　　高通的反向专利授权方式显然不利于拥有大量移动通信技术的厂商，如华为、中兴等，但却显然有利于没能利用专利搭织保护伞且缺乏核心技术的手机厂商，如小米、宇龙等。因为在反向专利授权协议的框架下，虽然小米、宇龙等公司使用了华为、中兴的专利，但后者仍无法向前者收取专利使用费或发起诉讼。显然，我国国家发展和改革委员会对高通的天价罚单也可能会让小米这类手机厂商在今后的发展道路上举步维艰。正是意识到了专利这一薄弱环节可能会使自己陷于被动的竞争地位，小米自 2010 年成立之初便把申请专利作为一项重要战略任务，在国内申请了相当数量的专利。由图 8-4 可以看出，小米的发明专利数量呈现加速上升的趋势，而且多数专利申请都集中在了发明专利领域。可见，小米正在试图努力提升自身的技术创新能力，小米大量申请专利的行为无疑有利于其摆脱对高通反向专利授权模式的依赖。

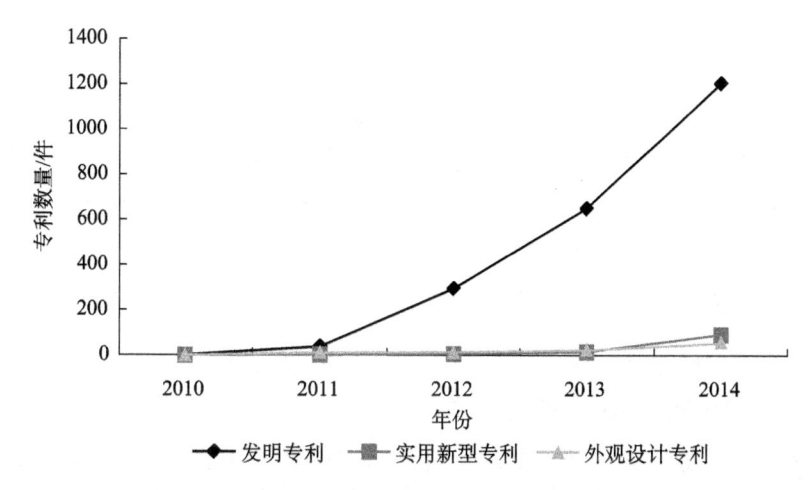

图 8-4　小米在国家知识产权局历年申请的专利数量

高通的这种疑似专利"流氓行为"营造了一种类似于哑铃式的产业生态环境，不仅让处于产业链最上游的自身获得了垄断收益，而且也为缺乏技术的下游手机制造商赢得了生存空间。然而，这种产业生态环境却十分不利于致力于研发自主技术、技术创新能力较强的中游手机制造商。如果高通模式得以顺利推行，那么移动通信技术领域中除了高通外，将很少再会有其他公司有进行技术研发的动力。因此，总体来说，高通所试图营造的产业生态环境不利于移动通信产业的健康发展。

三、技术标准规制下的专利权滥用行为

"一流的企业做标准，二流的企业做技术，三流的企业做产品"是市场公认的基本规律，也是判定一家企业行业地位的重要标准。一个行业能否长期健康地发展在很大程度上取决于行业内的若干家领军企业制定的技术标准。但是，也不乏部分企业在技术标准的规制下滥用专利权，对其他企业造成危害的行为。制定行业技术标准的组织为了保护公共利益，在同等条件下通常会优先采用不具有专利权的技术方案。如果专利权人既参与了技术标准的制定，又想有效地保护其专利权，则需要在制定技术标准的过程中申明技术标准的哪些部分是受专利保护的。但是，专利权人往往并

不愿意做出标准制定组织要求的关于知识产权许可的承诺，尤其是免费许可的承诺（罗静，2008）。因此，部分专利权人在参与技术标准制定工作的过程中，往往会故意隐瞒专利权状况，等到该技术标准正式发布后，再搭乘技术标准的便车，要求专利保护，并索取高额专利许可费用、谋取垄断利润，乃至起诉技术标准使用者侵犯了其专利权，该行为也被称为"专利劫持"。在该动机下，拥有知识产权的企业在标准的制定阶段对信息披露采取种种明示或默示的投机行为就不足为奇了，甚至该投机行为本身就是该企业的一项知识产权战略（罗静，2008）。

美国个人计算机巨头 Dell 公司于 1991 年获得了关于 Computer Bus 的专利技术。1992 年，Dell 公司加入了视频电子标准协会（Video Electronics Standards Association，VESA）。1994 年，Dell 公司的代表参加了 VESA 的 VL-Bus 标准制定工作组，该标准涉及的技术主题是为计算机总线设计一种在 486 计算机的 CPU 和外设之间传输指令的技术方案。在标准建立的初期，标准的提案小组要求标准制定的各方必须申报与该技术方案有关的知识产权。接到通知后，Dell 公司不但没有申报，其代表还两次书面声明其所知晓范围的 VL-Bus 标准不涉及 Dell 公司的专利。VESA 正式发布该标准后被全球多家公司广泛使用，这时 Dell 公司向使用该标准的公司提出收取专利使用费的要求，甚至起诉使用该技术标准的公司侵犯了其专利权。这些公司集体将 Dell 公司告上了美国联邦贸易委员会（Federal Trade Commission，FTC）的仲裁庭。美国联邦贸易委员会经过仔细审查后，于 1996 年裁定 Dell 公司违反了参与制定行业技术标准所必须遵守的诚信原则，违反了标准化组织的内部规定。Dell 公司故意不向 VESA 披露其专利权范围，误导该组织采用了与 Dell 公司专利权相冲突的 VL-Bus 标准，Dell 此后又试图分割由该技术标准产生的市场利益，其行为已经构成了对专利权的滥用。Dell 公司没有在知识产权权利披露的前置阶段披露有关专利，却在事后主张行使其知识产权。最终，Dell 公司与美国联邦贸易委员会达成了协议，无偿许可其他生产商使用其专利技术（罗静，2008；那英，2010）。

除了在技术标准制定过程中隐匿专利技术以外，利用技术标准收取高额的专利使用费也被视为不合理的专利行为。例如，微软在开发游戏产品时使用了摩托罗拉公司的无线标准相关专利，摩托罗拉公司为此向微软索要每年高达 40 亿美元的专利权使用费。由于双方就专利权使用费问题分歧巨大，难以达成一致，微软便将摩托罗拉公司起诉到了美国西雅图地区法院。美国西雅图地区法院经过仔细审理后，认为摩托罗拉公司就其无线标准相关专利技术收取的使用费过高，判定微软每年只需要向摩托罗拉公司支付 180 万美元（谭增，2013）。

类似的专利权人和标准实施者之间产生的专利权使用费冲突很常见，为了平衡两者之间的利益关系，国际上各主要的标准化组织纷纷通过制定各自的内部政策，尽可能鼓励并要求组织成员披露标准中涉及的必要专利，在长期的实践中形成了"公平、合理、无歧视"（fair, reasonable and non-discriminatory）的专利许可原则，即 FRAND 原则。该原则要求：掌握标准专利的公司不能在相关市场上利用自己的知识产权许可限制竞争，即公平原则；对不同的标准实施者收取相同的专利权使用费，且禁止漫天要价，即合理原则；对不同的标准实施者都要以基本相同的条件许可，即无歧视原则。即便 FRAND 原则为国际上多数标准化组织所遵守，但多数处于技术落后地位的发展中国家仍然认为，发达国家利用技术标准的话语权收取了过多专利使用费，发达国家也不会因为企业是来自发展中国家而降低专利费用。尤其当前国际上存在各类形形色色的技术标准，甚至许多产业在绕过这些技术标准后几乎不再有可进行技术创新和经营的余地，这无形中也给许多发展中国家的产业发展设置了诸多的技术障碍。

在技术标准规制下滥用专利权的行为被许多国家的法律法规所明令禁止，如美国的《反托拉斯执法与知识产权：促进创新和竞争》，欧盟的《关于对若干类型的技术转让协议适用欧共体条约第 85 条第 3 款的第 240/96 号规章》《技术转让协议集体豁免的 772/2004 号规章》，日本的《专利和技术秘密许可协议的反垄断法指南》《关于共同开发的禁止垄断法上的指南》等，都对由典型的滥用知识产权而导致的非竞争行为进行了详细列举，并详细规定了知识产权滥用行为的认定原则和方法。相比之下，我国相关法律对于技术标准化规制中的专利滥用行为并没有针对性的特殊规定。尽管该类行为因为涉嫌技术垄断而受到《反垄断法》的约束，但是，由于知识产权客体的特殊性，与知识产权有关的垄断行为也有其特殊性，因此，在各国的反垄断法中无论对与知识产权有关的限制竞争行为加以何种程度的规制，它都不可能全面、具体地阐述知识产权与反垄断法之间的复杂关系（王先林，2001）。我国国家标准化管理委员会为预防上述问题的出现，曾于2004年3月公布了《国家标准涉及专利的管理规定（暂行）》，专门对技术标准制定过程中的专利信息披露问题进行了规定。但是，由于其相关规定不够明确和具体，还不能有效遏止技术标准化中的专利权滥用行为（吴太轩，2013）。由于法律上存在空白，中国本土企业在采纳行业技术标准的时候，更加可能受到专利权滥用的侵扰。为了应对这个问题，一方面，政府应该及时修改现行的相关法律规定，细化技术标准制定前的信息披露规则和专利权滥用行为的认定准则；另一方面，国内企业还应当做好事先防范工作，对行业技术标准进行认真研究，除了关注技术标准明确列出的专利外，还应尽可能穷尽技术标准涉及的其他相关专利，并且逐一进行分析，以发掘和规避潜在的专利侵权诉讼风险。政府应该试图在立法和执法两个层面上加以完善专利制度，以消除"专利流氓"赖以生存的根基。要降低或者消除"专利流氓"的影响，就需要政府监管部门加大监管力度，通过监管手段避免或减少"专利流氓"通过专利权滥用而获得高额非法利润的行为。监管机构应当通过组织国内本土的企业经营者集中审查或者定期开展知识产权滥用调查等手段对技术市场施加积极影响，防止或减少"专利流氓"给产业造成的巨大损害，也应该尽量避免实业公司最终沦为"专利流氓"的情形。

第三节　跨国公司在中国的专利战略

尽管跨国公司的一些"专利流氓"行为引起了多数发展中国家的不满，但发达国家在发展中国家所实施的一些精明的专利战略却值得发展中国家的企业总结和学习。与发达国家相比，发展中国家无论经济还是技术都处于落后的地位，跨国公司在占领发展中国家的产品市场的同时，也在逐渐侵蚀发展中国家的技术市场。中外技术竞争与技术纷争已经不再局限于企业与法律层面，更上升到了国家战略布局与国家间竞争的层面。在对中国进行技术侵蚀的过程中，跨国公司采取的策略可谓五花八门，以下将对跨国公司经常在发展中国家采取的专利战略——进行总结归纳。

一、明修栈道，暗度陈仓

依靠自身显著的技术优势，跨国公司在进入发展中国家市场后往往立刻进行专利布局。当发展中国家专利市场开放后，跨国公司便蜂拥而至。以我国为例，1985年我国专利制度正式生效，这一年，我国总的发明专利申请量为8226件，其中4755件由国外申请人申请，高于国内申请人的3471件。此后连续四年，国外申请人在中国的发明专利申请量都高于国内申请人。近些年，我国专利制度改革滞后，导致外国企业在中国申请专利的动机开始转变，其专利战略已从技术转移转变为垄断市场，从保护重大技术转变为构筑竞争优势，同时不断减少在中国的核心技术专利，而与国内企业的专利纠纷日益增多（张瑜，蒙大斌，2015）。跨国公司的基本专利战略和外围专利战略均对我国企业的创新效益产生了显著的抑制作用。跨国公司每年在中国申请的专利数量十分庞大。跨国公司还关注着诸如五年发展规划这类政府权威文件，从中判断政府未来可能大力扶植的、最有潜力的技术领域，并在这些领域申请大量相关专利。此外，由于研发能力存在显著差距，国外企业用于申请专利的技术显然比国内企业更具竞争力。在我国的民用科技正处于起步阶段的时候，国外企业便已形成了对我国企业的专利包围。通过大量申请专利并设置行业技术标准，跨国公司在我国的专利市场明修栈道，暗度陈仓，设置专利"雷区"和"陷阱"。尽管目前我国现有法律对专利提供的保护不足，使得这些专利未发挥应有效力，但一旦我国开始重视自主创新和知识产权保护，不仅国内企业，而且国外企业申请的专利也会同时发生效力，这些已经布局好的海外专利无疑会威胁国内企业的技术创新活动。

二、抓大放小，区别对待

对于存在专利侵权行为，但市场规模不大的发展中国家的中小企业而言，考虑到成本收益，跨国公司往往不会对其进行法律诉讼。最危险的是市场规模大，且缺乏专利保护的大型企业。目前，多数国内企业缺乏"产品未动，专利先行"的理念，在开拓产品市场的同时，忽略了申请专利，甚至在将新产品推向市场后，才发现相关技术已经被国外企业抢先申请了专利。跨国公司在起诉大型企业时获得的市场收益往往是巨大的。此外，跨国公司还有"放长线钓大鱼"的企图，当企业规模较小时，跨国公司会选择放之任之，甚至会通过故意延长专利审查时间造成专利长时间不授权的假象，从而引诱国内企业侵权。当企业成长到一定规模的时候，跨国公司便开始追索其因专利侵权所蒙受的损失。

三、暗箱操作，长辔远驭

许多发展中国家在一些关键性技术领域对跨国公司的进入采取限制性措施，例如，中国在汽车行业和电信基础业务方面都严格限制跨国公司的进入。在汽车行业，我国要求外国跨国公司只能以中外合资的形式进入，而电信基础业务则不允许外国跨国公司的进入。在不能直接进入这些市场的情况下，多数跨国公司选择了同中国国内企业合资。但是，大部分中国开发的新技术和新产品在产业化应用过程中总是遭遇瓶颈性因素的制约，很大程度上是因为中国市场已经通过跨国公司的核心专利及合资企业的外围专利封锁被固定在国外产品的技术轨道上（毛昊等，2009）。多数跨国公司并不甘于长期处于被动地位，为了取得对合资公司的实际控制权，跨国公司充分利用自身的技术优势，垄断关键技术，通过专利授权或技术有偿转让等方式向合资企业输出核心技术，并从中获取高额的利润。而合资公司则由于跨国公司的技术封锁大多数不具备研发能力。如表 8-1 所示，在中国经营的主要汽车行业的跨国公司在中国申请了大量专利，相比之下，它们同中国的合资公司在中国则几乎没有申请过专利。跨国公司在技术输出过程中往往会隐瞒部分关键的技术细节，使得技术转移过程"黑箱化"，这就最大限度地降低了技术向发展中国家企业一方外溢的程度，从而使作为技术直接使用者的合资企业没有渠道真正了解技术开发的具体过程。尽管同拥有核心技术的企业合资，但国内厂商的创新能力仍未得到实质性提高，还对远在他国的跨国公司逐渐形成了技术依赖。这种情况不仅出现在汽车领域的合资公司，其他领域中的合资公司的技术创新能力偏低的境况也极为常见。

表 8-1　主要汽车跨国公司母公司及在华合资公司发明专利申请量（截止到 2006 年底）

（单位：件）

合资公司	申请专利数	母公司	申请专利数
上海通用汽车有限公司	0	通用汽车公司	230
北京现代汽车有限公司	0	韩国现代自动车株式会社	460
广州本田汽车有限公司	0	本田技研工业株式会社	3000
天津一汽夏利汽车股份有限公司	0	丰田自动车株式会社	1260
一汽大众汽车有限公司	0	德国大众汽车公司	254
上海大众汽车有限公司	8	标致雪铁龙汽车公司	14
神龙汽车有限公司	3	日产汽车株式会社	3
东风日产乘用车公司	0		

资料来源：梁正和朱雪祎（2007）

更有甚者，还有一些跨国公司通过合资手段无偿或低价占有中国本土企业的专利，进而削弱其技术创新能力，并逐渐进一步落入跨国公司的控制之中。也有一些跨国公司在中国设立了研发中心，譬如微软亚洲研究院、三星经济研究院等，以较低的人力成本大量招募本土研发人员，为母公司服务，从而形成与国内本土企业进行人才竞争之势。

四、表里不一，貌合神离

为了最大限度地限制跨国公司对关键技术的垄断，我国大力扶植了多个自主技术标准的建立，如数字音视频编解码技术标准、TD-SCDMA 3G 通信技术标准等，试图通过建立联盟来掌握制定行业标准的话语权。但是，中国自主建立的技术标准的专利池中的核心专利并不多，虽然参与技术标准联盟的企业数量很多，但很少有企业有能力贡献关键技术。据不完全统计，在目前全球共计1.6万项的国际标准中，中国参与制定的不到0.2%，仅参与了国际标准化组织1个技术委员会秘书处和5个分技术委员会的工作，只主导起草了13项非关键性国际标准（霍宏等，2005）。

由于中国同外国的技术水平存在巨大差距，跨国公司并不愿意将其高端技术同国内企业的低端技术放在一起交叉许可（梁正，朱雪祎，2007）。在国内主张建立的许多技术标准中，多数跨国公司以只有旁听权利，而没有专利许可义务的观察员的身份加入技术联盟，从而在形式上同我国的技术联盟保持一定距离，而通过这种观察员参与的方式，跨国公司却在日后的专利收费方面掌握了主动权（梁正，朱雪祎，2007）。

五、四面出击，围追堵截

近些年，中国企业在外贸出口方面的成本优势极为显著，使国外企业想尽各种办法抵制中国的外贸出口，其中一个办法就是对中国出口的货物提起专利诉讼。无论出口的产品是否侵犯了国外的知识产权，一旦法院受理专利纠纷案件，势必会延缓中国产品出口扩张的速度，若被判定侵犯知识产权，国外企业便有理由将出口产品拒之门外。目前，被国外企业用以限制我国企业产品出口的知识产权条款不仅包括国际知识产权保护公约及WTO相关知识产权条款，还包括各国的反倾销与知识产权法令。诸如美国的"337条款"，即美国《1930年关税法》中的第337条。"337条款"审理的时间较短，一般不会超过15个月，而且发起"337条款"的诉讼费用相较于其他诉讼的费用更低（梁正，朱雪祎，2007）。该条款对来自其他国家的出口货物施加了严格的知识产权限制，按照该条款规定，美国国际贸易委员会可以对侵犯美国国内有效知识产权的出口产品签发禁令。一旦禁令生效，产品出口商有可能会被永久拒之于美国市场门外。

跨国公司之所以会频繁利用知识产权侵权问题对中国外贸出口企业发难，最重要的原因还是中国的外贸出口企业缺乏足够数量的专利以形成对自身的保护，技术积累薄弱，对知识产权的重视程度仍然不足。正是由于缺乏核心技术的积累，未能掌握核心专利，我国企业在应对跨国公司的知识产权诉讼时往往缺乏足够的应对筹码，导致自己在面对海外知识产权诉讼时经常处于被动地位。仔细分析跨国公司的专利战略并对这些专利战略行为进行总结分析，对于国内企业依据自身情况采取应对的策略有重要帮助。但是，更根本地说，要想扭转当前的不利局面，国内企业必须苦练内功，提升核心技术研发能力，掌握有相当数量的关键专利，这才是解决知识产权问题的最重要途径。

第九章

专利丛林、专利联盟与开放的专利

第一节 专利丛林

专利制度存在的重要原因之一,是要解决技术垄断与技术创新之间的矛盾,这造成了以复杂产品系统和累积创新为特征的高科技产业的专利丛林现象(刘林青等,2006)。赋予专利权以法律保护后,技术创新者在使用专利前都必须取得专利权人的许可,随着赋予专利以法律保护的数量越来越多,技术创新者受到的约束也会越来越多。技术间的相互交织、盘根错节导致了专利丛林(patent thicket)现象。专利丛林法则最早是由美国著名的专利法专家卡尔·夏皮罗(Karl Shapiro)提出的,专利丛林是指专利数量随着技术日渐复杂化而日益增多,专利所包含的技术覆盖范围不断扩大,导致专利技术间相互重叠,从而形成了容易使人迷惑的"丛林",技术创新者若要进行创新活动,必须在专利丛林中"披荆斩棘",同掌握相关专利的专利权人一一进行谈判,才能获得自己所需的全部专利技术的使用许可。在此过程中,技术创新者很可能要重复缴纳专利使用费。此外，专利审查机构在专利申请过程中审查不严也是造成专利丛林的主要原因之一。被授予专利权的技术应当具备新颖性、创造性和实用性三个原则。但是，目前专利申请量膨胀，专利审查机构难以就申请人所申请的专利检索到全部相关专利，使得新授权的专利当中有一部分技术被业已授权的专利涵盖，进而导致专利技术相互重叠，也使得技术创新者识别和发现技术空白的难度加大，技术创新活动更加难以展开。

专利丛林现象使想要制造新产品、进行新技术研发的企业极有可能触碰到其他企业的专利，从而带来"反公地悲剧"。"反公地悲剧"与传统的"公地悲剧"恰恰相反，"公地悲剧"是指公共用地作为一项公共资源或财产会有许多拥有者，每一个拥有者都有公共用地的使用权，但是，拥有者彼此之间没有权利阻止其他人使用，在这种情况下，每一个拥有者都倾向于过度使用公共用地，从而造成公共资源的枯竭，诸如水、森林等公共资源被过度使用都是"公地悲剧"典型的例子。而"反公地悲剧"则指的是一种相反的情形：为了达到某种目的，每个当事人都有权阻止其他人使用自己的资源或相互设置使用障碍，导致没有人拥有有效的资源使用权，导致资源的闲置和使用不足，从而造成浪费。"反公共地悲剧"的存在使得研发资源无法被充分使用，进而成了后续发明与创新的障碍。在多个企业拥有互补性专利和牵制性专利的情况下，"反公地悲剧"使得专利制度原本鼓励发明及奖励创新的立法目的落空，反而成了抑制创新的制度（刘林青等，2006）。

尽管容易造成"反公地悲剧"，专利丛林却是知识产权制度下科技进步的必然结果。随着新科技成果的不断涌现，被授权专利的数量不断增多，技术创新者可创新的范围也越来越狭窄，从而使其不得不面对现有技术的约束。专利丛林一方面保证了专利权人从其专利中获得收益的权利，但另一方面，也让一部分技术创新者望而却步。因此，为了解决专利丛林带来的对后续技术创新活动造成阻碍等诸多问题，专利联盟这类统一管理产业相关专利技术的组织应运而生。

第二节 专利联盟

专利联盟是解决专利丛林的一种饶为有效的办法。专利联盟，又称为"专利池"，英文名称为 patent pool，是由两个或两个以上专利权人就其持有的多项专利共同向第三方进行许可时所达成的协议。专利权人基于该协议形成了联盟组织，通过共同组建实体来对其掌握的专利进行管理或经营。通过将一揽子专利进行统一授权、统一管理，技术创新者不再需要同多个专利持有者一一谈判，而只需要同专利联盟一次性谈判便可获得所需要的全部技术。人们早在 150 多年前便已经意识到了专利联盟在解决专利丛林问题中发挥的积极作用。1856 年，美国出现了第一个专利联盟——缝纫机联盟，共同经营主要缝纫机制造商的专利。该专利联盟几乎囊括了美国当时所有缝纫机专利的持有人。1917 年，美国参加第一次世界大战，其急需大批军用飞机。但是，有关飞机制造的专利技术主要掌握在 Wright 和 Curtiss 两家公司手中，这在无形中限制了飞机的批量生产。于是，美国政府敦促主要飞机生产制造商组成专利联盟，以减少生产过程中的技术障碍，扩大飞机产量。到了 19 世纪末，专利联盟在美国各地已经十分常见。

专利联盟对于促进社会科技进步，以及提升社会技术管理效率的作用是极为显著的。首先，通过交叉许可的方式，企业可以更快速地获得所需的专利技术，使从属于不同企业的具有产品互补的专利技术得以整合，从而降低了新产品的开发成本，集约化的专利管理也大大降低了专利联盟当中单个成员的专利管理成本。其次，专利联盟的交叉许可制度还可以打破专利壁垒，为技术创新活动的展开提供便利，促进新技术的快速发展。再次，通过提供一揽子技术标准和技术支持，专利联盟还降低了企业间可能产生的相互专利侵权的风险，大幅度降低了专利诉讼成本，并因此提升了企业经营管理的效率。最后，通过共享其他企业的专利技术，专利联盟成员也可以扩展自身的产业链，从而巩固市场地位。

专利联盟作为快速整合分布复杂且广泛的技术的工具，其正面作用是极为明显的。但是，专利联盟也会呈现诸多负面效应，这些负面效应在一定程度上阻碍了技术的发展，尤其对更易打破常规，带来创新式思维的后来者的负面效应更为明显。当行业内主要的专利技术被放入专利联盟后，规范的行业技术标准往往会随之而来，这些技术标准造就了部分大型企业的行业垄断地位。尤其当若干家大型企业联合起来组建专利联盟的时候，其垄断性无疑会被强化。行业内其他企业，尤其是缺乏同专利联盟内企业进行筹码交换的关键技术的企业，除了选择被动地接受技术标准以外，很可能别无选择。专利联盟可以收取价格不菲的专利技术使用费，从而为行业内的关键技术把持者攫取行业利润提供了重要的渠道。专利联盟的这种负面效应显然不利于中国这样一个技术相对落后，但又拥有巨大市场的发展中国家。中国在市场迅速扩大，国际贸易出口额不断攀升的同时，也在不断地受到跨国公司组成的专利联盟的侵扰，并且付出了高昂的成本，乃至惨重的代价。摆在中国面前的是难以承担且难以接受的高额专利使用费。将中国巨大的市场带来的巨额利润以如此方式支付给海外跨国公司，显然不是中国国民和政府想要看到的。因此，为了应对国际专利联盟的不断侵扰，摆脱国外技术标准的限制，我国政府和企业也相继牵头组建了相当数量的专利联盟，以期降低高额的专利使用费。

一、自主知识产权数字音视频编解码技术标准

当我国 DVD 播放机的产量占据了全球市场超过一半的产量时，接踵而来的专利侵权纷扰也让国内的 DVD 播放机生产商头疼不已。6C 和 3C 两大专利联盟联合发起了针对中国 DVD 播放机的攻势，要求中国厂商为每台播放机支付 20 美元的专利使用费。6C 联盟由日立、松下、东芝、JVC、三菱电机、时代华纳六家跨国公司组成，3C 联盟是由皇家飞利浦

电子、索尼和先锋三家跨国公司组成的专利联盟。这两大专利联盟是全球DVD播放机核心专利最主要的权利人，把持着国际上通用的大部分音频、视频解码的标准技术。

为了应对国外专利联盟收取高昂专利费用的问题，2005年5月，由包括TCL、创维、海信、浪潮、上广电、中兴、华为等知名自主品牌在内的12家企业发起的，我国具备自主知识产权的第二代数字音视频编解码技术标准工作组（AVS工作组）在北京正式宣告成立。目前国际上广泛采用的MPEG-2技术标准是第一代。AVS开启了国内使用专利联盟的方式对一揽子专利进行统一管理的先河，并将技术标准中的所有专利技术打包以1元人民币的极低用费施行"一站式"许可。以我国每年4000万全年5000万台电视芯片的规模计算，AVS一年可以征收约5000万元专利费，而使用国外的MPEG-2标准每年则要缴纳约10亿元的专利费。而与H.264（由国际电联和国际标准化组织联合制定的新数字视频编码标准）相比，AVS的优势更为明显，H.264不仅对制造商收取专利使用费，还要对运营商征收参加费。如果我国全面采取H.264标准的话，1年就将要有500亿元的专利费用支出（梁晓亮，2010），这对于中国这样一个市场需求巨大的发展中国家来说显然是难以接受的。

AVS工作组成立之后的几年中，国家相关部委为AVS工作组提供了大量的研发资金、相关政府支持与协调产业政策，AVS工作组也进入了快速发展的通道：2006年，AVS的视频技术标准被纳入国际电信联盟（International Telecommunications Union，ITU）IPTV标准，这意味着AVS与国际上广泛使用的MPEG系列、H.264、VC-1等技术标准一样，成了国际通用的视频技术标准；2014年，我国首颗AVS+高清编码芯片"博华芯BH2100"诞生并于同年进入量产推广阶段。

二、中国自主知识产权专利联盟发展的技术空心化问题

AVS专利联盟是当前我国运行较为成功的专利联盟，类似的国内发起成立的专利联盟还有许多，如中国彩电专利联盟、无线局域网络安全强

制性标准、时分同步码分多址、中国地面数字电视传输国标知识产权联盟、中国蓝光高清光盘标准、信息设备资源共享协同服务、中国光伏产业联盟、中国木地板专利联盟、LED 产业专利联盟、第四代移动电话行动通信标准 TD-LTE 制式等，具体如表 9-1 所示。中国专利联盟标准的异军突起已经成了广受国际关注的一个新现象，这些专利联盟都主要是为了突破国外已有的专利联盟限制，避免支付高昂的专利使用费而发起成立的。但是，由于国际上业已建立了技术成熟的专利联盟，且已在国内外普及，即使是国内相关产业界对国内专利联盟标准的接受程度也较低，专利技术普及起来仍然存在相当大的难度。

表 9-1　中国发起建立的部分专利联盟

专利联盟名称	成立时间	成员单位
数字音视频编解码技术标准（Audio Video coding Standard，AVS）	2005 年 5 月	华为、中兴、索尼、三星、清华大学、北京大学等 84 家国内外企业、高等院校和研究机构[1]
中国彩电专利联盟（亦称"中彩联"）	2010 年 2 月	TCL、长虹、康佳、创维、海尔、海信、厦华、上广电、新科等国内彩电业骨干企业和法国汤姆逊公司
无线局域网络安全强制性标准（Wireless LAN Authentication and Privacy Infrastructure，WAPI）	2003 年 11 月	未知
时分同步码分多址（Time Division-Synchronous Code Division Multiple Access，TD-SCDMA）	1998 年 1 月	华为、联想、TCL、海信、展讯、大唐、安德鲁电信器材、中国电子科技集团公司第十四研究所和第四十一研究所等 41 家国内外企业、高等院校和研究机构（乔楠等，2008）
数字电视地面广播传输系统帧结构、信道编码和调制（Digital Television Terrestrial Multimedia Broadcasting，DTMB）	2008 年 1 月	中国数字电视地面传输国家标准制定机构、相关专利持有人、芯片厂商、发射机厂商、终端厂商等 40 多家成员单位[2]

[1] 关于"数字音视频编解码技术标准工作组"（简称 AVS 工作组）. http://www.avs.org.cn [2017-03-01].
[2] 中国数字电视地面传输国标知识产权联盟成立. http://www.cqvip.com/Main/Detail.aspx?id=26686348 [2008-02-01].

续表

专利联盟名称	成立时间	成员单位
中国蓝光高清光盘（China Blu-ray High Definition，CBHD）标准	2005 年 5 月	由清华大学国家光盘中心和中国电子科技集团公司第三研究所发起成立
信息设备资源共享协同服务（亦称"闪联"，Intelligent Grouping and Resource Sharing，IGRS）	2003 年 7 月	联想、TCL、华为、长虹、中国电子技术标准化研究院等14家核心成员单位[1]
中国光伏产业联盟（亦称"光伏联盟"，China Photovoltaic Industry Alliance，CPIA）	2010 年 5 月	无锡尚德、常州天合光能、中国电子科技集团公司第四十八研究所等22家成员单位[2]
中国木地板专利联盟（Wood Floor Patent Alliance）	2014 年 4 月	久盛地板、圣象集团、江苏德威木业等8家企业和南京林业大学、中国林业科学研究院等3家高等院校和科研院所[3]
LED 产业专利联盟	2014 年 7 月	广东省半导体光源产业协会、广州鸿利光电、中山鸿宝电业、深圳茂硕电源科技、深圳雷曼光电、广州晶科电子、TCL等30多家企事业单位和社会团体[4]
第四代移动电话行动通信标准 TD-LTE（Time Division Long Term Evolution）制式	2006 年 6 月	大唐电信、中国移动、华为、中兴等

尽管中国的专利联盟建设仍需要做很多的工作，且研发投入花费巨大，但这是突破国外技术垄断的一个最佳办法。中国人口众多、市场庞大，如此庞大的市场也为中国全面的产业布局奠定了基础，中国在全球几乎所有已知行业和领域都有相当数量的企业。但是，目前中国的企业大多是单兵作战、缺乏配合，在面对国外客户时经常相互压价，从而陷入恶性竞争的怪圈。这就使得国内企业在独自面对国外技术标准的限制时往往无

---

[1] 闪联产业联盟. http：//www.igrs.org [2017-03-01].
[2] 中国光伏产业联盟. https：//cpia.solarbe.com [2018-03-01].
[3] 木地板专利联盟. http：//mdblm.crrwr.org.cn/about/detail-7.html [2014-10-31],http://mdblm.crrwr.org.cn/about/detail-6.html [2014-10-31], http：//mdblm.crrwr.org.cn/about/detail-5.html[2014-10-31].
[4] 广东省半导体照明产业联合创新中心. http：//www.gscled.com/about.jsp？catid=3&docid=351 [2017-03-01].

能为力，只能被动接受。依靠企业数量和市场规模的优势，如果掌握一定核心技术的同行业企业联合起来形成技术联盟，并主推一些技术标准，或许可以扭转当前的技术困境。即使这些专利联盟确定的标准技术只在国内推广而不走出国门，仅凭中国这样一个巨大的市场所提供的支持便足以保证专利联盟的正常运营。因此，国内同行业企业团结一致或许才能有效对抗海外跨国公司所设定的技术标准。从近期国内专利联盟、各类技术联盟层出不穷的情况来看，我国企业彼此间的合作意识正逐渐加深。而要推广国内的专利技术标准，不仅需要同行业企业的通力合作，更需要相关技术领域内的企业和市场上广大用户的支持，必要的时候甚至需要相关政府部门协助推广。我国企业对于相关国际规则的熟悉程度也正在不断加深，不仅建立了专利联盟，还努力让专利联盟所确定的技术标准成为国际通行标准，例如，AVS被纳入国际电信联盟的 IPTV 标准，第三代移动通信标准（TD-SCDMA）也是国际电信联盟批准的三个3G标准之一。但是，与上述两个较为成功的专利联盟相比，我国多数专利联盟的成立时间较晚，市场普及程度极为有限。

  核心技术空心化也是摆在中国专利联盟面前的一个难题，中国专利联盟多是在国外专利技术基础之上稍加修改便推出了自己的技术标准，技术架构往往不甚完善，为后续的技术推广制造了障碍，极大地影响了国内专利联盟的竞争力。本书以中国自主建立的 TD-SCDMA 3G 通信技术标准专利分布为例对此进行说明。图 9-1 给出的是大唐在自主建立的 TD-SCDMA 3G 通信技术标准当中的专利分布。由图 9-1 可见，大唐的专利主要集中在同步检测、传输、智能天线等技术领域。

  图 9-2 和图 9-3 给出的分别是国内外各主要公司掌握的 TD-SCDMA 3G 通信技术标准中的时分双工（TDD）专利和同步码分多址（SCDMA）专利比利。由图 9-2 可以看出，西门子公司在 TDD 领域掌握的专利数量是最多的，达到了 21.6%，主导建立 TD-SCDMA 3G 通信技术标准的大唐在 TDD 领域掌握的专利比例为 12.2%，其他信息技术公司，如华为、中

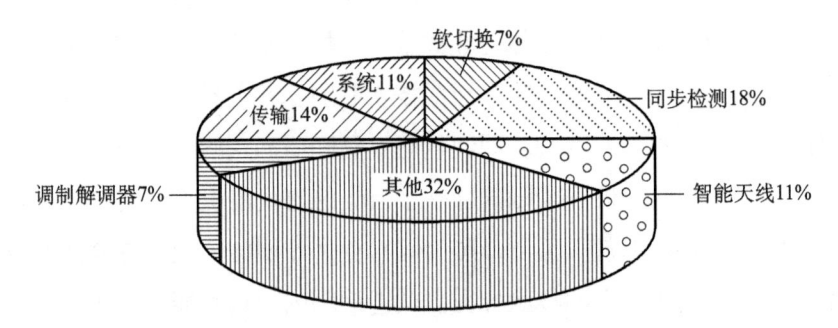

图 9-1 大唐 TD-SCDMA 3G 通信技术标准的专利分布

资料来源：诺圣电信咨询：大唐未占 TD 专利绝对优势.http://tech.qq.com/a/20061017/000104.htm [2006-10-17]，图 9-2、图 9-3 同此

兴、诺基亚、摩托罗拉等也都占有 2%～10% 不等的比例。图 9-3 显示，中兴公司在 SCDMA 领域掌握的专利数量是最多的，达到了 24.2%，西门子公司掌握的专利比例同中兴公司接近，为 21.2%，大唐公司为 15.2%。通过对比图 9-2 和图 9-3 可以发现，尽管大唐公司在建立 TD-SCDMA 3G 通信技术标准方面做了大量工作，但是，大唐在该技术标准当中并未掌握足够的话语权，反而外国公司在中国自主建立的通信技术标准中的话语权更加重要。大唐、中兴和华为三家中国企业合计占有 TDD 专利池当中 29.7% 的专利比重，SCDMA 专利池当中 51.5% 的专利比重。西门子、诺基亚、摩托罗拉、高通等多家外国企业合计占有 TDD 专利池当中 70.3% 的专利比重，远高于中国企业合计占有的专利比重。外国企业

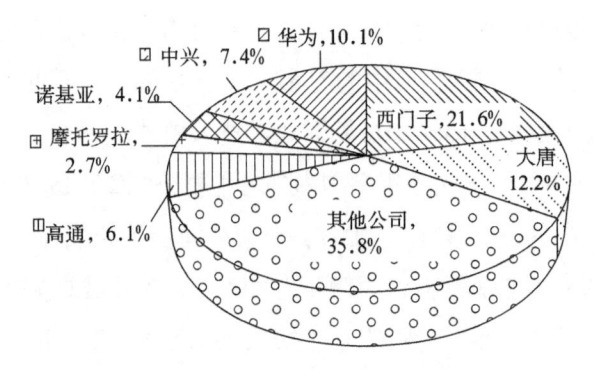

图 9-2 TD-SCDMA 的 TDD 专利分布

合计在 SCDMA 专利池当中占有 48.5% 的专利比重，也仅略低于中国企业。由上述对比分析可以看出，即使是中国自主建立的技术标准，中国也未能掌握足够分量的自主知识产权。

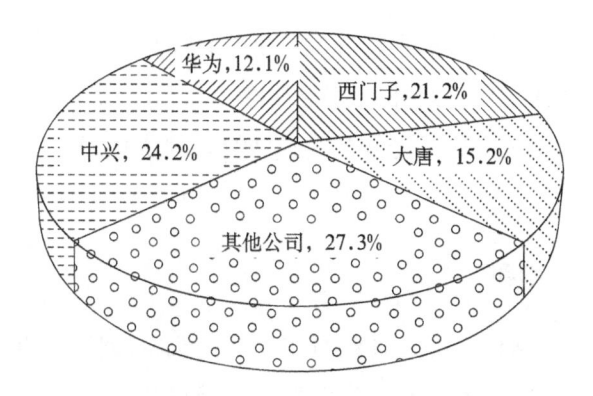

图 9-3　TD-SCDMA 的 SCDMA 专利分布

目前，几乎我国所有的专利联盟都是模仿国外专利联盟建立起来的，通常以近乎等同采用或修改采用国际标准的方式来制定或修订相应的国内行业技术标准，几乎都是为了突破国外专利联盟对行业技术标准的垄断。行业技术标准已成为国际科技竞争，乃至国家间经济竞争的一个重要组成部分。但是，在国外相关技术标准普及程度已经很高的情况下，国内企业往往会陷入两难的境地，如果选择国内技术标准，尽管可以避免缴纳巨额的专利费用，但产品的市场接受度显然会大受影响，尤其当产品出口国外时，显然不能采用国内技术标准。即使是国内市场，企业出于技术成熟度的考虑也难有动力主动采纳国内的技术标准。但是，我国企业始终密切关注着国内专利联盟的进展，新建的专利联盟经常会吸引大量国内企业加入。要在市场上力推这些专利联盟，政府部门显然责无旁贷，企业的坚持也异常重要。中国的专利联盟要在行业内发挥各自的主体性作用仍有很长的路要走，而且过程极为艰辛，这个过程无疑需要政府与企业、企业与企业通力合作。

第三节　开放的专利：新兴技术的战略选择

在专利联盟林立的市场中，后发企业往往难以寻得发展的空间。为了让新兴技术迅速在市场普及并且有能力对抗现有的成熟技术，许多后发企业对持有的专利技术采取了开放的态度，允许他人免费，或仅收取极低的费用使用其专利。

一、免费的专利

2014年6月12日，美国电动汽车产业巨头特斯拉公司的首席执行官艾伦·马斯克（Elon Musk）对外发布了一封公开信，宣布为了推动全球电动汽车产业的发展，特斯拉公司将开放其所有专利，任何出于善意想要使用这些技术的企业和个人，特斯拉公司将不会对其发起专利侵权诉讼。此消息一出，犹如一枚重磅炸弹在汽车产业界引起了轩然大波。尽管对于特斯拉公司的此次"善举"各方众说纷纭，但当事人艾伦·马斯克坦诚地表示，特斯拉公司公开专利的目的是希望为特斯拉和其他电动汽车制造商提供一个共同而快速发展的技术平台，以期推动全球电动车的发展，通过专利的共享创建一个规模更大的电动汽车市场。事实上，特斯拉公司选择公开专利的时间恰恰是其处于舆论风暴中心的关键节点，由于其主打产品频频被曝出电池组发生自燃事件，不仅让特斯拉公司的形象大受影响，而且也使特斯拉公司在新产品推广上一度受阻。与传统汽车公司相比，特斯拉公司无论是核心的电池管理技术，还是电池及车体结构技术，其对专利技术的拥有量均处于劣势地位。其拥有的专利技术也仍然受到其他汽车公司的外部包围与限制。因此，对于特斯拉公司来说，与其固守电动车及其充电电池方面的核心技术专利，倒不如公开专利而推动全局，通过行业的共同努力，去推动电动汽车的长远发展，并对传统汽车的统治地位发起挑战[1]。

艾伦·马斯克如此高调地宣布开放特斯拉公司所有的专利技术，其意图是利用此种方式带来更多技术追随者去撼动传统汽车产业的根基。当特斯拉公司真正实现这一目标时，其在整个电动汽车领域的统治地位无疑也会凸显。特斯拉公司意图同使用其专利的企业共同推动其电池管理系统及独特的充电技术的发展，形成行业标准，从而控制整个产业链。无论是谁最终使用了特斯拉公司的电动汽车专利，都会帮助特斯拉公司扩大技术影响力。特斯拉公司毫无疑问是其中最大的获益者和当之无愧的行业领导者。尽管特斯拉公司期望通过"全球联手"挑战传统汽车似乎还有很多工作需要做，前景也不甚明朗，但是，特斯拉公司在全球范围内公开其专利的做法无疑为电动车行业开启了一个免费专利运营模式，这也给其他行业的进步与发展带来了启发和思考，毕竟在很多时候凭借单一公司的力量不可能对抗一个产业，更何况这个产业是受全球瞩目、根基深厚的汽车产业。

二、等离子败给了液晶：为什么劣币会驱逐良币

与特斯拉公司对待电动车技术持开放态度不同的是，等离子技术作为一种比液晶更先进的显示技术，在推向市场后采取的却是封闭的生产模式。等离子电视拥有可视角大、亮度均匀性好；暗场动态范围大、图像层次感丰富；图像拖尾时间小、动态清晰度高；色彩还原能力好、显示色彩自然等多个出色的画质特征优势。这些优势曾经给很多电视生产厂家以自信，认为等离子技术未来将统治竞争激烈的平板显示器市场。电视行业内的专业人士之间更是盛传着"外行买液晶，内行买等离子"的说法。但是，最终的结果却是处于技术劣势的液晶完胜等离子，全球电视产业出现了"劣币驱逐良币"的反常现象。

---

[1] 加强专利行政执法是符合国情的必然选择. http://www.sipo.gov.cn/ztzl/qtzt/jxzlxzzf/ipsp/201406/t20140618_967459.html [2014-06-18].

等离子行业刚刚兴起时，该项技术的核心专利主要由少数几家家用电器巨头把持，包括松下、三星、LG、日立、先锋这五家日本和韩国的企业，这些企业不愿意将生产线布局到包括中国、马来西亚、印度尼西亚等在内的其他国家，更不愿意把等离子技术许可或出售给这些国家。身为等离子产业的领头羊，松下公司甚至不愿意其他任何企业染指等离子产品市场。松下的保密意识很强，生怕等离子技术被同行抄袭和模仿，不愿与任何企业结成任何形式的战略联盟。2006 年，长虹并购了韩国第三大等离子制造商 Orion 公司，期望获取等离子相关核心技术和专利，这在韩国引起了轩然大波，Orion 公司受到了来自韩国媒体、企业和社会的强烈批评。尽管虹欧 PDP 生产线随后实现了量产，但长虹并未改变等离子技术整体封闭的世界格局。结果多数意图进入等离子产业的企业纷纷知难而退，而转向产业链相对开放的液晶（发光二极管，LED）产业[①]。

相较于等离子，液晶技术曾被认为是未来将会被淘汰的技术。东芝、夏普等也因此纷纷将液晶生产线转移到中国，由此造就了一个相对开放的液晶产业生态链。当绝大多数居于产业链下游的企业纷纷转向液晶产业后，大量资金也涌入到了液晶面板生产当中，企业也更加愿意在改进液晶技术方面进行更多的研发投入，由此使液晶电视在色彩、反应速度等方面的问题一一逐步得到了解决。液晶电视生产规模不断扩大，上游供货成本不断下降，从而形成了一个良性循环的产业链。相比之下，等离子显示技术由于上游供货量逐渐萎缩，难以形成大规模量产，使成本居高不下，从而导致等离子电视价格高于液晶电视，进一步加剧了其衰退的速度。最后，三星、日立、松下等巨头纷纷宣布退出等离子行业，液晶技术全面统治了显示器领域。

正是由于反思了等离子失败的产业链模式，当更先进的有机发光二极管（OLED）显示技术出现后，行业内的 OLED 巨头韩国 LG 公司选择了

---

① 技术封闭是等离子产业没落重要原因. http://www.chinairn.com/news/20140425/090916278.shtml [2014-04-25].

类似于液晶产业的开放合作模式，主动同中国和日本厂商共同生产和推广 OLED 电视。

通过向技术使用者收取较低专利使用费用或不收取费用，可以实现对新兴技术的有效推广和普及。正是由于汲取了这个经验教训，我国后续成立的多数技术联盟都只向技术使用者收取极低的费用，例如，我国的 AVS 专利联盟只象征性地向技术使用者收取 1 元人民币的专利费用。

第十章

专利侵权与专利陷阱

第一节　中国的 DVD 播放机知识产权风波

中国的 DVD 播放机发展十分迅速。在 1997 年刚起步时，中国的 DVD 播放机年产量仅为 5 万台左右，而到了 2001 年，年产量便急剧上升到 1994.5 万台。1997～2000 年年均增幅高达 400% 之多。我国 DVD 播放机的出口规模也迅速扩大，至 2003 年，已占有世界市场 20%～25% 的份额，产品主要出口到欧美等地区。据了解，中国 DVD 播放机不仅产量大，而且价格低，在美国市场上的零售价格约为 80 美元，而国外厂商同类产品的价格则高达 200 美元，这显然会引起国外 DVD 播放机制造厂商的警觉。尽管我国的 DVD 播放机产品的性价比相较于外国 DVD 播放机制造商有着明显的优势，但是，中国国内的 DVD 播放机制造商并无自主知识产权。在国内外市场份额迅速扩大的同时，中国国内的 DVD 播放机制造商也将自己推向了绝境。自 2000 年起，以飞利浦为代表的 3C 联盟就开始向中国内地的 DVD 播放机企业提出收取专利费用的要求，当时要求收取的专利费用接近8美元。长期以来，DVD播放机的核心技术和标准全都被国外企业所掌握，国产DVD播放机的核心元器件，如解码芯片、机芯、光头等都是从国外进口[①]。在国外专利大棒的打击下，中国的DVD播放机品牌迅速衰亡，短短几年之内几乎全军覆没，大量产能仅能用于为国外品牌做代加工，并从中获得一点点微薄的加工费，大量的利润都被国外专利持有者和品牌厂商拿走了。目前，中国在DVD播放机产业已经毫无发言权，基本退出了国际竞争的舞台。与DVD播放机产业类似，我国的智能手机、数码相机、高清电视等产业也都面临着相同的风险。

当国内DVD播放机产量很低时，国外企业采取了放之任之的策略，默许甚至鼓励消费者及下游生产厂商免费使用有关技术。但在看到我国的DVD播放机生产企业投入了大量厂房、生产设备等固定资产，国内外市场扩展到一定规模后，国外企业就挥起知识产权的法律大棒，征收高额的专利使用费。国际DVD播放机市场的发展壮大，很大程度上归功于中国企业的规模化生产降低了产品成本。但是，由于受制于专利技术，中国企业不得不向美国、日本和欧盟厂商支付每台5～9美元的专利使用费，自己能拿到的加工组装费用微乎其微，而外国厂商则几乎在未做任何开拓市场努力的情况下坐收渔翁之利。

第二节 警惕失效专利背后的专利陷阱

在存在专利制度的任何国家，专利制度一方面起到了鼓励技术创新，激发企业和个人进行发明创造的作用，另一方面还起到了促进科技进步和经济社会发展的作用。然而，专利制度这两方面的作用却存在一定矛盾：当过于强调激励发明人的发明创造活动的时候，整个社会的福利水平必然会受到影响，但若过于强调技术的全民共享，则会降低发明人从事创新活

---

① DVD知识产权案. http://www.china.com.cn/chinese/zhuanti/wtobg2003/351820.htm [2003-06-23].

动的动力。因此，基于专利权人与公众间利益平衡的考量，专利制度为专利设置了最长保护期。在保护期内，专利制度赋予了专利权人独占其专利收益的权利，其他企业和个人等未经专利权人许可的任何利用专利技术制成商品并在市场中盈利的行为均被视为违法行为。但是，专利制度并未赋予专利权人永久保护，当专利的保护期届满之后，其他企业或者个人便可以通过仿制专利产品盈利。这样一种机制设计显然能够在技术独占与技术共享之间进行很好的平衡。

由于专利权有最长保护期，当专利权保护期届满后，许多企业会进行专利技术的模仿。相较于其他技术领域，仿制已失效的专利产品在生物制药领域更为常见，这主要有以下三个方面的原因：首先，医药企业在申请专利时将其配方公布后，其他医药企业一般就可以按照配方配置出仿制药物，相比之下，其他技术领域的仿制行为往往受到现有生产设备和从业人员素质的限制。其次，医药产品的疗效一般恒久不变，一旦药物研制获得成功，其疗效不可能随专利权终止而失效。但是，其他领域的技术则往往具有时效性，已失效的专利由于年代久远，包含的一般是很少有人关注的过时技术，例如，在瞬息万变的信息技术领域，技术的更新换代更是极为迅速。最后，医药研发成本是多数医药公司难以承担的。在美国，开发一种新药的花费一般需要几亿美元甚至十几亿美元，而且新药的开发周期特别长，从临床前试验，新药临床研究申请，一期、二期、三期临床试验，到新药申请，最后到批准上市一般要经过 10～15 年的时间，显然，医学领域药物研发的时间和金钱成本远高于其他一般的技术领域。如此高额的投入无疑让不少制药企业对新药研发望而却步，而只能更多依靠仿制药物获利。正是由于新药研发投入巨大、开发周期长，新药上市后专利有效保护期不足，美国、欧盟、日本都相继制定了相关补偿办法。例如，欧盟1992年推出的药品"补充保护证书"（Supplementary Protection Certificate，SPC）、美国1984年颁布的《药品价格竞争和专利权期限补偿法》（*Drug Price Competition and Patent Term Restoration Act*），以及日本1987年开始实施的适用于人用药或兽药的补充保护制度等（唐晓帆，2005；董耿，唐霖，2001）。由于仿制药物成本低，具有降低医疗支出、提高药品普及度、提升医疗服务水平等重要的经济和社会效益，多数制药技术落后的发展中国家则并无药品专利保护期延长法案。由此我们经常会看到医药类专利保护期在发展中国家已然终止，但在发达国家仍然受到严格保护的情况。

随着大量国外药品的专利到期，国内相关保护政策趋向松动，这对于中国的仿制药产业来说是难得的机遇，据估计，仅2018年的市场规模就可能接近5000亿元人民币。仿制已失效的专利产品，不仅在国内，在国外也极为常见，这也是处于技术劣势的企业获取合法技术的主要办法之一。

一、伟哥专利失效，抢仿大战一触即发

全球最大的制药公司美国辉瑞公司的万艾可伟哥（别名"枸橼酸西地那非片"）在中国的勃起功能障碍（ED）用途专利保护于2014年5月正式到期。广药白云山、常山股份、山东罗欣药业、齐鲁制药等10余家国内企业均已申请了伟哥仿制药批文[①]。国信证券于2014年5月发布的《医药行业研究报告》显示，国内ED患者约有1.4亿人，以目前ED正规治疗药品仅10亿元的规模来看，未来中国市场尚存有10倍潜在的增长空间。

美国辉瑞公司的伟哥产品专利保护期终止不仅为中国的制药企业，而且为全世界的制药企业带来了机遇。目前，美国辉瑞公司正在全球打响伟哥保卫战，但形势并不乐观，其市场份额已经从2000年的90%以上，迅速跌至2012年的47%。以韩国市场为例，伟哥成分物质专利到期后，从2012年5月份开始，韩国国内仿制药品纷纷上市，目前韩国生产的伟哥

---

① 生产化学仿制药需要先向省食品药品监督管理局提出注册申请，通过初审后再报国家食品药品监督管理总局。除了需要生产批文之外，仿制药企业还需获得国家食品药品监督管理总局颁发的新药证书，该过程一般需要1~2年。

仿制药品有37种[①]。韩国本土产品西力士的销量已经反超万艾可，占据了韩国市场头把交椅，其他制药厂商生产的药物销量也正在迅速逼近万艾可伟哥。

从目前中国国内的医药现状看来，万艾可伟哥的抢仿大战只是国内仿制药市场的冰山一角。专利到期药物是全球医药市场增长最快的领域之一。据IMS Health咨询公司预测，我国仿制药的年增长速度将超过25%[②]。未来几年，全世界将有数百种药的专利相继到期，蕴藏着超过上千亿美元的庞大市场。这对于许多生产仿制药品的中国制药企业来说无疑是一个福音。

但是，国内制药企业持续专注于仿制药的做法从长期看将会影响自身竞争力的提升。国际知名咨询机构Citeline公司的Pharmaprojects/Pipeline数据库中的数据显示，2001～2015年，全球在研新药数量呈现稳定增长态势，2015年度新药数量增幅高达8.8%，超过了2014年度的7.9%。2014年新增在研药物项目为993个，超过了2013年的828个。2015年度全部在研药物数量为12 300个，约为2002年的2倍[③]。由此可以看出，国际制药企业的研发投入增长依旧迅猛，预期疗效更好的新药在不久的将来依旧会层出不穷。如果国内制药企业不改变策略，不重视自主研发，经营水平将在未来很长一段时期内原地踏步，难以在国际制药领域占有一席之地。此外，如果始终专注于仿制药，还很可能会陷入外国企业的专利陷阱，这一点我们将在下一节中举例说明。

二、巴斯夫公司背后的专利阴谋

德国巴斯夫公司于1993年发现了一种含有"吡唑醚菌酯"成分的农

---

① 万艾可的机遇与挑战. http：//news.163.com/14/0709/23/A0OH4DN100014Q4P.html [2014-07-09].
② 我国仿制药年增长速度将超过25%. http：//www.chinairn.com/news/20140224/140650163.html [2014-02-24].
③ 2015年全球在研新药情况分析. http：//news.bioon.com/article/6671322.html [2015-07-16].

作物杀菌农药，该农药在保护农作物方面的效果极为显著，推向市场后即受到广泛的国际关注。巴斯夫公司仅依靠含有"吡唑醚菌酯"成分的农药每年便可以在中国获得50亿元人民币的销售收入，巴斯夫公司更是依靠该产品稳坐全球农作物杀菌剂的头把交椅。

巴斯夫公司的"吡唑醚菌酯"杀菌剂相关专利于1995年6月21日通过世界知识产权组织的国际PCT途径提交后进入中国，发明专利名称为"2-[(二氢)吡唑-3'-基氧亚甲基]苯胺的酰胺及其制备方法和用途"（专利申请号：CN95194436.3）。国家知识产权局于2001年7月11日正式授权该项专利（专利号：CN95194436.3）。该项专利在中国的保护期于2015年6月20日到期[①]。该信息也为许多国内农药生产企业所知晓。由于国外研发的技术的可靠性和先进性明显领先于国内，国内企业对国外即将失效的专利更为关注，一旦发现国外专利失效往往立即开始进行仿制。为了尽快推出仿制药并在国内农药市场中抢占先机，许多国内制药企业一拥而上，纷纷在中国农药信息网上进行了登记，表10-1列出了在中国农药信息网上登记的包含有效成分为"吡唑醚菌酯"的杀菌剂的生产厂商。由表10-1可以看出，多数国内厂商仅是临时登记，只有广东德利生物科技有限公司登记的"乳油"是正式登记，相比之下，巴斯夫公司正式登记的杀菌剂比例几乎占到了其所有登记产品的一半。从剂型的名称看，巴斯夫公司在原有即将失效的专利基础上登记的产品种类十分多样化，剂型包括原药、乳油、水分散粒剂、悬浮剂、悬乳剂、悬浮种衣剂六种，而国内厂商登记的剂型只有乳油、水分散粒剂、悬浮剂三种。从剂型的多样化程度看，巴斯夫公司在"吡唑醚菌酯"杀菌剂方面持续不断地研发，开发出了更多的新型产品，而国内企业在面对巴斯夫公司的失效专利时，并未基于其专利技术进行深度研发，而仅停留在仿制"吡唑醚菌酯"杀菌剂的层面。

---

① 仿制专利到期药，仍需警惕专利"陷阱". http://ip.people.com.cn/n/2015/0716/c136655-27316204.html [2015-07-16].

表 10-1　在中国农药信息网上登记的包含有效成分为"吡唑醚菌酯"的杀菌剂的生产厂商

生产厂家	登记证号	剂型	有效期起始日
巴斯夫欧洲公司	PD20080463	原药	2013 年 03 月 31 日
	PD20080464	乳油	2013 年 03 月 31 日
	PD20080506	水分散粒剂	2013 年 04 月 10 日
	PD20093402	水分散粒剂	2014 年 03 月 20 日
	PD20080506F140037	水分散粒剂	2014 年 09 月 16 日
	PD20093402F140039	水分散粒剂	2014 年 09 月 16 日
	LS20130445[a]	悬浮剂	2014 年 09 月 17 日
	LS20140367	水分散粒剂	2014 年 12 月 11 日
	LS20140368	悬乳剂	2014 年 12 月 11 日
	LS20150090	悬浮种衣剂	2015 年 04 月 16 日
	LS20150189	悬浮种衣剂	2015 年 06 月 14 日
	LS20140367F150041	水分散粒剂	2015 年 06 月 16 日
	LS20140368F150045	悬乳剂	2015 年 06 月 16 日
上海绿泽生物科技有限责任公司	LS20130445F140002	悬浮剂	2015 年 02 月 12 日
广东省东莞市瑞德丰生物科技有限公司	LS20150044	悬浮剂	2015 年 03 月 18 日
广东省东莞市瑞德丰生物科技有限公司	LS20150047	乳油	2015 年 03 月 18 日
深圳诺普信农化股份有限公司	LS20150051	悬浮剂	2015 年 03 月 18 日
北京燕化永乐生物科技股份有限公司	LS20150075	悬浮剂	2015 年 04 月 15 日
北京燕化永乐生物科技股份有限公司	LS20150076	悬浮剂	2015 年 04 月 15 日
北京燕化永乐生物科技股份有限公司	LS20150113	悬浮剂	2015 年 05 月 12 日
广东省东莞市瑞德丰生物科技有限公司	LS20150134	悬浮剂	2015 年 05 月 19 日
深圳诺普信农化股份有限公司	LS20150148	水分散粒剂	2015 年 06 月 08 日
广东德利生物科技有限公司	PD20080464F150052	乳油	2015 年 07 月 09 日
广东德利生物科技有限公司	PD20080464F050067	乳油	2015 年 09 月 09 日

注：PD 表示正式登记，LS 表示临时登记

尽管巴斯夫公司申请号为 CN95194436.3 的主专利保护期已经届满，但是，巴斯夫公司就该相关技术主题又申请了多项外围专利，如申请号为 CN97194054、CN97197536.1、CN98805666.6、CN98806337.9 的四项外围专利仍处于有效期内[①]。利用这四项外围专利，巴斯夫公司依旧可以在未来较长一段时期内保护自身的市场优势。国内农药企业若要仿制"吡唑醚菌酯"杀菌剂，很可能会陷入巴斯夫公司设置的专利保护陷阱。此外，笔者经过检索后发现，截止到2014年，巴斯夫公司在中国拥有5000多项专利，而表10-1中列出的国内生物制药企业拥有的专利合计才仅有700多项。若国内企业持续跟踪巴斯夫公司进行仿制药物的生产，在意图根据市场需求对产品进行技术改进时，则又不得不依赖于巴斯夫公司原有的专利技术，而后续的研发过程显然已经被巴斯夫公司设计好，通过后续研发过程改进的产品很可能会因关联到巴斯夫公司的其他专利而遭到其起诉。因此，跟踪国外企业生产专利已失效的仿制药物很可能将自己陷入国外企业的专利包围之中，从而使国内制药企业未来的发展更加举步维艰。此外，长期依靠国外技术谋划生产容易产生"技术依赖惯性"，从而不愿意在新产品研发方面做过多投入。

因此，尽管国内制药企业实时跟踪失效专利的行为反映出其对生物制药领域技术市场敏锐的嗅觉，但是，要想实现长远发展并与巴斯夫公司这些具有强大科研实力的跨国公司竞争，除了需要在仿制技术和仿制质量上加大投入外，还应该研究现有技术和产品的作用原理，积极主动开发新产品，从而真正提高自身的研发能力和药品的疗效。

---

① 仿制专利到期药，仍需警惕专利"陷阱". http://ip.people.com.cn/n/2015/0716/c136655-27316204.html [2015-07-16].

第十一章

商业方法类专利

第一节 商业方法类专利的由来

互联网大潮的兴起给专利申请带来了一定的变革。互联网已经成了新的技术竞争竞技场。随着全球性的信息资源开始逐渐商业化,互联网开始重新审视传统产业领域中每一个环节的商业模式。新的商业模式在互联网经济下层出不穷,企业在商业模式领域的竞争也日趋激烈。为了在互联网时代占领先机,越来越多的国外企业开始为其独创的商业方法申请专利。所谓的商业方法,指的是个人或组织为了有效地应对商业活动中的特定类型的事务而创造出来的一套行事方法或规则。在互联网经济下,商业方法往往同时包含了诸如商业、金融、管理、行政等传统意义上的商业活动,以及数据处理、信息系统等互联网技术的运用。

按照传统规定,商业经营方法不属于专利法意义下的发明创造的范畴,不能被授予专利权,早期世界上没有哪个国家为商业方法提供专利保护,但随着计算机技术的发展,不能授予专利权的智力活动、规则方法与能够授予专利权的方法之间难以进行清晰、明确的划分(范明,朱振宇,

2007）。在亚马逊的网上销售点击模式、雅虎的门户搜索模式、Priceline的反向拍卖模式等新的商业模式获得了前所未有的成功后，后续的模仿者接踵而至，最终导致发明者的发明权益受到侵害。互联网的这种相互模仿的发展模式显然最终会损害整个互联网行业的健康发展。由此，有关商业方法能否申请专利并获得保护的问题，引起了全球各商界、学界、政界的广泛讨论与高度关注。

商业方法类专利的申请首先兴起于美国，美国《2000年商业方法类专利促进法》认为商业方法是指下列方法之一：①一种经营、管理或者其他操作某一企业或组织，包括适用于财经信息处理过程的技术方法；②任何应用于竞技、训练或者个人技巧的技术方法；③上述①、②中所描述的由计算机辅助实施的技术或者方法。紧随美国之后，日本也迅速接纳了商业方法类专利，并把其作为通过计算机系统完成创造的发明。欧盟对商业方法类专利也有明确的解释，即涉及人、社会与金融之间关系的任何主题，具体可以包括以下内容：调查用户习惯的方法、市场营销的方法、服务的方法、记账方法、开发新市场和新交易的方法、服务的分配方法、制作方法的利用（张玉敏，谢渊，2014）。

商业方法类专利诞生的标志性事件，当属美国的 State Street Corporation（道富银行）诉 Signature Financial Group（签记金融集团）一案，该案件于1998年审理结束。State Street Corporation 和 Signature Financial Group 起初都是为资金合伙企业提供金融服务的公司，前者同后者谈判，希望后者允许其使用第51923056号专利（标题为 Data Processing System for Hub & Spoke Financial Services Configuration），遭到了后者的拒绝。该项专利所描述的一套计算系统能够协助金融从业人员监控并记录企业财务当中的错误信息并辅助监控人员进行计算。State Street Corporation 随即将 Signature Financial Group 起诉到了美国马萨诸塞州地方法院，要求其认定第51923056号专利无效。当时马萨诸塞州地方法院经审理后判定 Signature Financial Group 败诉，认定其持有的涉案专利，即第 51923056 号专利不符合美国专利法规定，判定该项专利无效。而后 Signature Financial Group 就该判决提起了上诉，1998 年 7 月，美国联邦巡回上诉法院支持 Signature Financial Group 的诉讼请求，认定涉案专利符合可申请专利的要求。该案件也使得商业方法作为一个新的专利性问题引起了全世界的关注。自 State Street Corporation 诉 Signature Financial Group 一案判决生效后，大批海内外申请者涌入美国专利局申请商业方法类专利，之后不久，JPO 和 EPO 也收到了海量的商业方法类专利申请。围绕商业方法类专利的诉讼案件也开始呈现井喷之势。

自 20 世纪 90 年代开始，美国信息技术领域的专利申请开始越来越多地分散在网络安全领域、资金流相关技术领域、企业内部财务管理与数据处理领域、电子购物、银行业、订购运送与物流等领域。例如，Dell 公司为其独特的直销模式申请了专利，题目为"用于在按订单制造环境中装配计算机系统的生产系统和方法"（中国专利申请号：CN98126550.2）。该项专利按照所接到的订单，自动生成计算机软件和硬件配置列表、自动准备部分和组件的成套部件架，并将成套的部件传送到产品工作台进行组装。这种订购生产方式不仅可以较快地生产出符合客户特殊要求的电脑，而且节省了信息传递与硬件组装成本。

下文给出的分类号 G06Q 门类下集中了商业方法类专利，包括适用于行政、商业、金融、管理、监督或预测目的的数据处理系统或方法等。其他分类号如 G06F 等也包含大量商业方法类专利。由下述分类可以看出，商业方法类专利的种类非常多，国际专利分类标准已经对商业方法类专利进行了相对科学的领域划分。商业方法类专利并不是偶然产生的，而是商品经济发展到一定阶段的必然产物。随着互联网经济下各种新的商业模式的层出不穷，各国政府知识产权部门必然需要通过一定的形式对一些真正有创新的商业模式予以保护，以促进互联网经济的有序、健康发展。因此可以说，商业方法类专利是在信息技术时代大潮下产生的一种新的专利形态。

分类号为 G06Q 的商业方法类专利下的进一步分类

G06Q　专门适用于行政、商业、金融、管理、监督或预测目的的数据处理系统或方法;以及其他类目不包含的专门适用于行政、商业、金融、管理、监督或预测目的的处理系统或方法。

G06Q 10/00　行政、管理。
G06Q 10/02　预定,如用于门票、服务或事件的。
G06Q 10/04　预测或优化,如线性规划、"旅行商问题"或"下料问题"。
G06Q 10/06　资源、工作流、人员或项目管理,如组织、规划、调度或分配时间、人员或机器资源;企业规划;组织模型。
G06Q 10/08　物流,如仓储、装货、配送或运输;存货或库存管理,如订货、采购或平衡订单。
G06Q 10/10　办公自动化,如电子邮件或群件的计算机辅助管理(电子邮件网络系统入 H04L 12/58;电子邮件协议入 H04L 29/06);时间管理,如日历、提醒、会议或时间核算。

G06Q 20/00　支付体系结构、方案或协议(用于执行或登入支付业务的设备入 G07F 7/08,G07F 19/00;电子现金出纳机入 G07G 1/12)附注。
本组包括:协议或方案,包括凭此可在商人、银行、用户之间及有时在第三方之间进行支付的过程;该过程通常包括对所涉及的所有当事人的核实与认证。
G06Q 20/02　涉及中立的第三方,如认证机构、公证人或可信的第三方。
G06Q 20/04　支付电路。
G06Q 20/06　专用支付电路,如涉及仅在通用支付方案的参与者中使用的电子货币。
G06Q 20/08　支付体系结构。
G06Q 20/10　专门适用于电子资金转账系统的;专门适用于家庭银行系统的。
G06Q 20/12　专门适用于电子购物系统的。
G06Q 20/14　专门适用于计费系统的。
G06Q 20/16　通过通信系统解决支付的。
G06Q 20/18　涉及自助终端、自动售货机、售货亭或多媒体终端的。
G06Q 20/20　销售点网络系统。
G06Q 20/22　支付方案或模式。
G06Q 20/24　信贷方案,即"后付费"。
G06Q 20/26　借记方案,即"立即付费"。
G06Q 20/28　预支付方案,即"先付费"。
G06Q 20/30　以特定设备的使用为特征的。
G06Q 20/32　使用无线设备的。
G06Q 20/34　使用卡的,如集成电路卡或磁卡。
G06Q 20/36　使用电子钱包或者电子货币保险柜的。
G06Q 20/38　支付协议;其中的细节。
G06Q 20/40　授权,如支付人或收款人识别、审核客户或商店证书;支付人的审核和批准,如信用额度或拒绝清单的检查。
G06Q 20/42　确认,如支付的合法债务人的检查或许可。

G06Q 30/00　商业,如购物或电子商务。

> G06Q 30/02　行销，如市场研究与分析、调查、促销、广告、买方剖析研究、客户管理或奖励；价格评估或确定。
> G06Q 30/04　签单或开发票。
> G06Q 30/06　购买、出售或租赁交易。
> G06Q 30/08　拍卖。
>
> G06Q 40/00　金融；保险；税务策略；公司或所得税的处理。
> G06Q 40/02　银行业，如利息计算、信贷审批、抵押、家庭银行或网上银行。
> G06Q 40/04　交易，如股票、商品、金融衍生工具或货币兑换。
> G06Q 40/06　投资，如金融工具、资产组合管理或者基金管理。
> G06Q 40/08　保险，如风险分析或养老金。
>
> G06Q 50/00　专门适用于特定经营部门的系统或方法，如公用事业或旅游。
> G06Q 50/02　农业、渔业、矿业。
> G06Q 50/04　制造业。
> G06Q 50/06　电力、天然气或水供应。
> G06Q 50/08　建筑。
> G06Q 50/10　服务。
> G06Q 50/12　旅馆或饭店。
> G06Q 50/14　旅行社。
> G06Q 50/16　房地产。
> G06Q 50/18　法律服务、处理法律文件。
> G06Q 50/20　教育。
> G06Q 50/22　保健，如医院、社会服务。
> G06Q 50/24　病历管理（用于科学用途的医疗或生物数据的处理入 G06F 19/00）。
> G06Q 50/26　政府或公共服务。
> G06Q 50/28　物流，如仓储、装货、配送或运输。
> G06Q 50/30　运输、通信。
> G06Q 50/32　邮政电信（签发设备入 G07B 17/00）。
> G06Q 50/34　赌博或下注，如网络赌博。
>
> G06Q 90/00　不涉及有意义的数据处理的专门适用于行政、商业、金融、管理、监督或预测目的的系统或方法。
>
> G06Q 99/00　本小类的其他各组不包含的技术主题。

第二节　中国对商业方法类专利的保护现状及其发展对策

相比于美国，中国互联网企业在商业方法领域开始申请专利起步较晚。中国目前并无专门针对商业方法类专利的知识产权法律，但是，当前的法律规定给商业方法通过申请专利获得权利保护提供了一定机会。国家知识产权局2004年颁布的《商业方法相关发明专利申请的审查规则（试行）》就商业方法做了详细解释：商业的含义是广泛的，包括金融、保险、证券、租赁、拍卖、投资、营销、广告、旅游、娱乐、服务、房地产、医疗、教育、出版、经营管理、企业管理、行政管理和实务安排等，商业方法相关发明专利申请是指利用计算机和网络技术完成的以商业方法为主题的发明专利申请。这一项临时规则还对商业方法类专利进行了进一步的明确，即商业方法相关发明专利申请是一种特殊性质的专利申请，既有涉及计算机程序的共性，又有计算机和互联网技术与商业活动和事务结合所带来的特殊性。该项规则还规定了对商业方法类专利申请的一系列详细审查原则，并给出了一些供专利审查员参考的范例（王婷，2012）。从上述审查规则的相关细节中可以看出，在中国想要获得商业方法相关发明的专利权还是较为困难的。

作为在国内最早为商业方法申请专利的企业，阿里巴巴在2005年才申请了第一项商业方法类专利，该项专利提供了一种网络交易系统的交易信息处理方法。在阿里巴巴之后，百度、京东、腾讯等国内的互联网公司开始相继申请了诸如互联网搜索引擎的广告展现、采用第二代身份证绑定银行卡进行支付、侵权作品甄别回报方法、音乐消费行为分析方法等大量商业方法类专利。相比于中国企业，跨国公司显然更具有前瞻性，例如，2002～2003年花旗银行在中国申请了19项商业专利。跨国公司在中国抢注商业方法类专利的事件引起了国内外产业界与政府部门的广泛关注。

但是，与国外对商业方法类专利相对开放的态度相比，我国对商业方法类专利的审查始终持有审慎的态度。如图11-1所示，在专利申请量逐年快速增长的大背景下，商业方法类专利在我国的授权量始终不高，主分类号隶属于G06Q门类下的专利数量在多数年份都未超过100项。进入2000年以后，国家知识产权局的商业方法类专利的申请量逐年上升，并且于2006年左右申请量达到了顶峰，但是，由于我国在商业方法类专利审查方面快速收紧，商业方法类专利的申请量自2006年之后开始逐年下降。与美国等发达国家相比，国家知识产权局在专利审查过程中对涉及商业方法的专利的审批极为严格，使花旗银行抢注的专利绝大部分未获授权。各国专利局对待商业方法类专利的态度差异也较大，目前 USPTO 的审查相对较为宽松，一般会将专利权授权给那些具有创新性的商业方法类专利。就目前看，中国对商业方法类知识产权的保护制度仍然不够完善，近些年有关商业方法的法律纠纷越来越多。但是，由于相关知识产权法律制度发展得相对滞后，这些非常具有创新力的商业方法未能得到有效的保护，使市场上一旦出现新的商业模式，后续模仿便接踵而至，企业之间彼此相互抄袭的现象十分严重，从而在一定程度上制约了我国在商业方法方面的创新，限制了互联网经济的健康、有序发展。面对商业方法类专利保护正在被越来越多的国家所接受的现实，中国的知识产权管理部门也应该积极研究对策并较快正视利用商业方法进行专利申请的行为。在商业方法类专利的立法方面，同样位于亚洲的韩国、中国台湾与新加坡等国家和地区均走在了中国大陆的前面。例如，中国台湾经济相关部门下设的资讯小组近些年一直在努力推动全民上网运动，支持互联网环境下电子商务的发展，咨询小组的科技法律中心还举办了多次"电子商务法律与专利策略研习会"，研习会专门对网络商业方法的专利保护问题进行研讨（柯冬英，俞静尧，2005）。中国台湾近些年已经开始实行对商业方法类专利的保护。

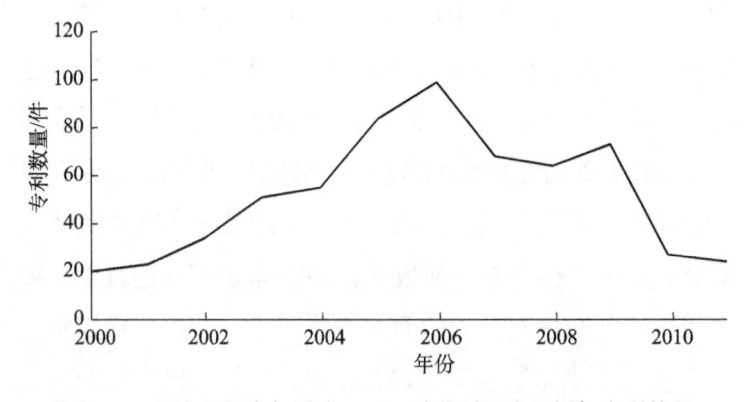

图 11-1　国家知识产权局中 G06Q 分类号下发明授权专利数量

面对商业方法类专利带来的一场专利意识的革命，中国企业应该更加强化知识产权战略意识，坚持提升企业的技术创新能力，充分利用专利等知识产权手段保护自己；密切跟踪研究跨国公司商业方法类专利，知己知彼，努力寻找自身技术优势，并及时申请专利；通过多种途径始终保持与政府、法院等公共部门的有效沟通，充分表达企业的观点与愿望，力争使政府部门出台对自身有利的知识产权政策，提高知识产权管理部门对商业方法类专利问题的重视。此外，由于传统的专利检索渠道难以及时有效地检索到商业方法类专利，且与商业方法类专利有关的技术资料极为匮乏，企业可以通过行业协会、技术联盟等对商业方法类专利的相关信息展开有针对性的收集。

我国的政府部门也应该正视商业方法的可专利性，商业方法类专利涉及未来互联网经济健康发展的切身利益。政府应该改变当前对待商业方法类专利相对盲目和保守的态度，为中国企业在全新的商业方法领域获得自主知识产权提供法律基础。对本国互联网经济的发展水平进行客观评估，找到其中制约互联网经济发展的根本症结，在保证中国互联网产业的利益在整体上不受根本性影响的基础上，依据中国国情建立中国商业方法类专利的保护制度，从而促进互联网经济的健康发展。

目前，跨国公司正在利用"技术专利化和标准化"达到最大限度地实现技术垄断的目的。商业方法类专利正逐渐成为跨国公司实现另类技术垄断的新工具，这一现象值得引起我国政府和企业的高度重视。因此，在看到跨国公司对我国企业收取如此高昂的专利费用时，中国国内的企业与政府应该找到问题的真正症结，不仅要在商业方法类专利的立法方面走在国际前列，更要注重总结商业方法方面的技术，并及时为相关技术申请专利保护。

第十二章

专利分析

由前面章节的内容可以看出,专利是企业保护自身技术创新成果的重要手段,更在企业争夺市场、打击竞争对手的过程中发挥着异常重要的作用。想要围绕专利技术开展积极有效的专利攻防战,进行科学、及时的专利分析工作是必需的。专利分析被看作是高技术企业制定专利战略的基础(赖院根等,2007),表现在以下几个方面:①企业通过进行专利分析可以及时掌握同行业竞争对手的技术研发动态及整个行业技术发展的趋势,避免技术上的重复开发,避开竞争对手设置的专利陷阱,在专利丛林当中寻找新的技术机会,并且可以依据专利分析结果实时调整内部研发计划。②通过专利分析,企业可以及时了解到相关技术成果的专利申请情况,从而在申请专利时可以对申请保护的关键技术或专利说明书和权利要求书加以变更和调整,以尽量避免同其他企业的专利技术重叠,提高专利申请的授权概率。③企业还可以通过分析和覆盖技术空白领域尽可能获得最大的保护范围。④企业通过实时跟踪国内外企业的专利申请,可以及时发现仿照、抄袭本企业专利技术进行专利申请的情况,对侵犯本企业专利权的行为可及时提出专利的无效请求。⑤专利分析还可以揭示国外企业的技术实力、经营范围和竞争能力等信息,从而为引进有价值的专利技术提供科学参考。⑥专利检索还可以帮助企业了解国外市场相关企业的专利布局，以避免在出口贸易中侵犯他人的专利权。⑦通过对专利的市场价值进行估算，还可以了解企业的创新能力，并为企业间的专利技术交易价格的确定提供科学参考。显然，专利战略规划是企业制定科技发展战略的重要内容之一，而其中细致的专利分析工作又是必不可少的。

掌握所处领域国内外的技术信息和专利动态，实时跟踪最新专利申请动向与国内外企业的专利布局，鉴别关键专利技术，做好专利预警工作，对于企业来说是十分必要而且十分重要的。国际上许多的高技术企业都将专利分析作为一项重要工作，并配备了专业的专利分析人员。目前国内也有一部分大型企业，如华为、中兴、富士康等在专利分析方面做了相当多的工作，但是从总体看，多数中国本土企业，尤其是中小型企业的专利分析工作做得仍十分有限。本章主要从专利检索、专利识别、专利预警、专利价值评估等方面介绍一些常用的专利分析方法和分析工具，以期为企业展开科学、规范的专利分析工作提供借鉴和参考。

第一节 专利检索

专利检索是整个专利分析工作的开端。进行及时和精确的专利检索是全面、系统地展开专利分析工作的前提。

国内专利一般通过国家知识产权局网站检索，该网站可以检索中国自1985年专利制度正式成立以来的全部发明专利、实用新型专利和外观设计专利，用户也可以通过该网站检索到国外的专利。但是，国家知识产权局网站检索国外专利的时效性略弱，约有四个月的滞后期，相比之下，专利在提出申请后即可在相关国家的专利数据网站上检索到。因此，对专利信息时效性要求较高的企业应该进一步关注国外网站专利信息的检索工作。国内外常用专利检索网站及其网址如表12-1所示。

专利主要的检索内容包括申请人、发明人、申请日、专利名称、主分类号、分类号、优先权项、国省代码、地址、摘要等基本信息，按照条件检索到所需专利条目后，还可点击查看专利说明书中的全文。

表 12-1　国内外常用专利检索网站及其网址

网站名称	检索网址	检索范围	检索时效性
国家知识产权局（State Intellectual Property of China，SIPO）	http://www.pss-system.gov.cn/	可检索到美国、日本、欧盟、中国等多个国家和地区全部年份的全部专利	国内专利时效性很强，专利提交申请后即可检索，但国外专利时效性略弱，专利提交申请约四个月后才可检索
中国知识产权网（China Intellectual Property Net，CNIPR）	http://search.cnipr.com/	可检索到美国、日本、欧盟、中国等多个国家和地区全部年份的全部专利	国内专利时效性很强，专利提交申请后即可检索，但国外专利时效性略弱，专利提交申请约四个月后才可检索
美国专利及商标局（United States Patent and Trademark Office，USPTO）	http://patft.uspto.gov/netahtml/PTO/index.html	可检索到在美国专利及商标局申请的全部专利	时效性很强，专利提交申请后即可检索
日本专利局（Japanese Patent Office，JPO）	https://www.j-platpat.inpit.go.jp/web/all/top/BTmTopEnglishPage	可检索到在日本专利局申请的全部专利	时效性很强，专利提交申请后即可检索
欧洲专利局（European Patent Office，EPO）	http://worldwide.espacenet.com/	可检索到在欧洲专利局申请的全部专利	时效性很强，专利提交申请后即可检索
世界知识产权组织（World Intellectual Property Office，WIPO）	https://patentscope.wipo.int/search/en/search.jsf	检索范围仅包括PCT，不包括非PCT	时效性很强，专利提交申请后即可检索

第二节　标准必要专利、核心专利与外围专利的识别与专利分析

标准必要专利（Standard-Essential Patent）是指包含在国际、国家或行

业技术标准当中，在实施技术标准时必须使用的专利。由于部分或全部标准草案在技术上或者商业上没有其他可替代方案，制定行业标准的组织不可避免地要进行专利申请工作。当基于专利的标准草案成为正式标准后，在实施该标准时必然要涉及其中含有的专利技术。标准建立之后，在产业升级过程中的技术支撑、科技创新过程中的技术积累和创新扩散、完善市场经济制度，以及国际贸易中都发挥着重要作用。不难看出，标准从某种程度上决定着产业的发展方向乃至话语权，也就不难理解为什么许多跨国公司在制定行业技术标准时常常抱团展开激烈竞争。

核心专利的效力相较于标准必要专利要弱一些，但技术的原创性依然很高，原理设计技术含量高，具有不可替代性。核心专利一般在某个技术领域内也处于非常重要的地位，领域内其他技术的研发往往绕不开核心专利。核心专利不仅有巨大的技术价值，同时具有巨大的市场与商业价值。

相比之下，从技术含量方面看外围专利的重要性是最低的，它往往是对标准必要专利或核心专利所包含的技术的改进或扩展。但外围专利也有重要的作用，企业通过大量申请外围专利，能够对掌握核心专利的企业形成包围之势。譬如日本企业的专利栅栏战略就巧妙地利用了外围专利，从而获得了同欧美企业的谈判筹码，许多企业也通过在核心专利周围申请大量外围专利来对核心专利形成保护之势。

虽然企业每年申请大量的专利，但多数都是外围专利，对某个技术领域起到关键基础性作用的标准必要专利和核心专利却为数极少。多数企业在进行专利申请时会就所要申请的技术申请多项专利，其中既包含核心专利，又包含外围专利。但在海量的专利当中识别核心和外围专利则并不容易。而且，当前并没有固定的标准将标准必要专利、核心专利和外围专利准确分开，但在专利分析中，标准必要专利、核心专利与外围专利的识别一般可以参考以下几个方法。

一、专家访谈法

利用领域内专家的专业知识来鉴别核心专利是比较常见也比较准确的筛选方法。通过相应技术领域的技术专家阅读专利说明书、权利要求项等内容，可以对专利包含的技术含量做出相对精准的判断。但是，该方法的缺点也是显而易见的：由于专利文献量太大，依靠专家对专利一一逐条分析并不现实，而且当前科技的飞速发展导致技术细分程度较高，找到特定技术领域的专家往往存在较大困难。因此专利分析更需要借助一些客观的方法。

二、基于专利分类号分析的布拉德福定律分析法

布拉德福定律是文献计量学中最重要的一个定律，该定律分析了科学文献的分散性，并采用统计模型对文献分布进行统计分析。近期有学者将布拉德福定律用于专利分析，有助于分析者找到专利中的核心技术。

在对专利文献所涉及的技术领域及其包含的 IPC 分类号进行标记后，统计每个 IPC 分类号的所属领域。一般来说，大部分相同或相近技术领域的专利都集中在一个或几个 IPC 分类号下，只有较少数量的专利文献分散在其他多个分类号下，通过分析专利文献集中于某个领域，就可以界定该技术领域为核心领域。有关专利分类号的布拉德福定律分析法的更具体步骤可以参考张鹏等（2010）。

三、专利引文分析法

通过分析专利的被引用次数也能识别专利的重要程度。专利引文体现了科学技术的发展规律，体现了科学、技术累积的连续性与技术传承性，也体现了学科之间及技术领域间的交叉和渗透（马永涛等，2014）。目前专利引文已经成为专利分析的最重要工具之一，为许多国内外学者所重视和使用。相较于外围专利，核心专利的被引用次数往往较多，尤其是标准必要专利，其在发布后的高被引率会持续相当长的时期。栾春娟（2008）

在分析世界数字信息传输技术领域的核心专利时,将被引频次在 16 次以上的前 2000 条专利记录定义为核心专利。

诸如美国、日本、欧盟、中国等全球各地的专利的引文信息可以在汤森路透公司的 Derwent Innovation Index 专利数据库中检索到,该数据库非免费检索数据库,需要购买后才能使用,一般高等院校和研究机构都购买了该套检索数据库。在 Derwent Innovation Index 专利数据库中可以检索到美国、日本、欧盟、中国的专利,而且能检索到该项专利的被引次数,如图 12-1 所示。

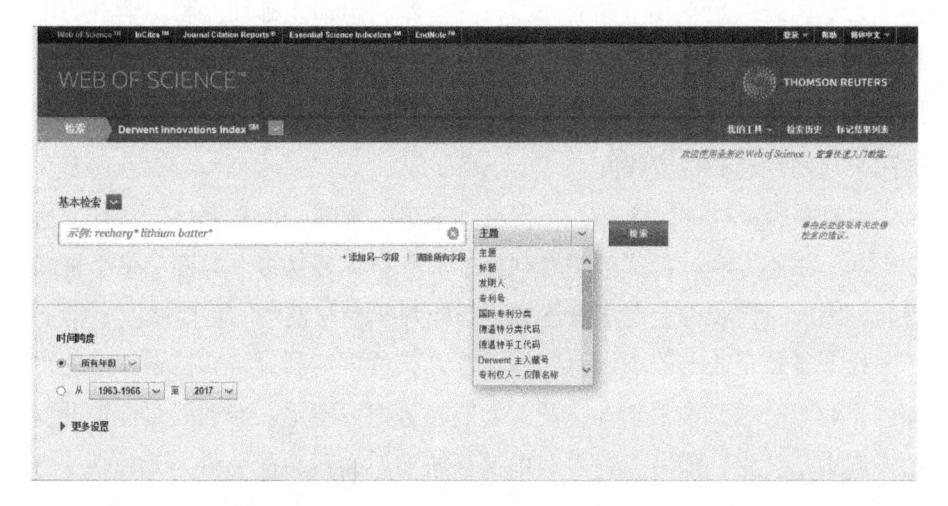

图 12-1 汤森路透公司的 Derwent Innovation Index 专利数据库检索界面
注:检索网址:http://apps.webofknowledge.com/DIIDW_GeneralSearch_input.do?product=DIIDW&SID=3D4etcOO5w7W7v9gWjW&search_mode=GeneralSearch

四、同族专利数量分析法

同族专利是指专利申请人为了扩大专利保护范围,就同一项技术在多个国家申请专利的现象。同族专利数量也可以衡量专利的核心程度。对于关键的专利技术,企业往往倾向于扩大其保护的范围,这可以通过为其要保护的核心技术在多个国家申请专利来实现。但是,由于申请专利保护需要花费相当数量的费用,为了控制专利申请和专利权维持成本,企业一般只为关键的技术在多个国家申请专利保护。因此，通过考察同族专利数量可以判断专利的核心程度。如果一项专利在美国、日本、欧洲等重要市场都申请了专利，则该项专利可能拥有较高的核心程度。

五、权利要求项数量分析法

权利要求项以科学术语定义该专利或专利申请所给予的保护范围，一般位于专利或专利申请中除说明书之外的部分，在专利申请和专利诉讼中都起着关键作用。专利的每项权利要求项都包含了专利的多个技术特征。为了为专利提供足够和全面的保护，许多专利申请人都在专利申请材料中附加了尽可能多的权利要求项，且每个权利要求项中对所涵盖的技术范围的阐述往往也很详细。因此，专利的权利要求项数量及其详尽程度也可以被用来判别专利的重要程度。

一般来说，仅通过上述一个指标并不足以判断一项专利是否是标准必要专利、核心专利，抑或外围专利，专利分析需要从多个方面、多个视角展开，因此，需要综合考虑上述多个指标判断专利技术的重要性。

我国多数企业一般不设专门的工作人员负责专利分析和检索。这使得国内企业对全球科技最新动态及其发展趋势把握不足。专利局尽管定期发布专利申请公报，但缺乏对专利申请最新动态的系统性分析，尤其是分行业、分领域的专利分析极为缺乏。

中国企业应该建立自己完整的专利战略，完善自身的专利预警机制，随时关注行业内其他企业的专利情况。因为专利制度要求专利人必须公开技术才能获得专利权利，所以随时关注这些公开的专利技术可以更好地帮助企业应对专利栅栏、专利陷阱等。从国家层面来讲，政府应推动形成专利联盟，将企业持有的专利进行有效整合，从而降低陷入国际专利陷阱的风险，减少"专利流氓"获利的空间。对于缺乏专利保护的中小企业，彼此之间可以考虑建成专利联盟，共同对抗外部专利侵袭。国内企业也可以借鉴国外专利技术联盟的形式，在联盟范围内进行专利技术共享。在选用技术的时候，尽量选择联盟内战略伙伴的技术，技术使用许可费在联盟内部进行结算。譬如，美国 IBM、英特尔、微软、苹果等公司就形成了这样一个技术联盟，这种强强联合的方式就可很好地避免"专利流氓"的侵扰。

对于国内企业而言，应增强应对"专利流氓"提起的诉讼的信心，认真分析专利权的有效性及是否落入专利权保护范围。涉及技术的知识产权诉讼，不仅是法律层面的问题，更是技术层面的问题。因此，只有借助专业的法律与技术团队才能充分应对。在遇到专利侵袭时，中小企业可以立刻对发起诉讼的"专利流氓"公司进行调查，寻找前期遭受过其侵扰的公司，向其请教应对策略并从中汲取经验。

企业还应充分尊重他人的知识产权，在产品开发阶段就应开展全面的检索工作、深入分析他人专利技术的内涵，尽量规避业已申请专利的技术。对于无法规避的专利，应积极找到相应的专利权人进行谈判。对于国家来说，应积极组织产业层面的专利分析工作，可以考虑由第三方机构专门负责专利分析，实时发布专利预警信息。

第三节　专利价值评估模型

专利分析的另外一个重要工作是对专利权的价值进行科学评估，这对于专利权交易、专利融资、知识产权投资、无形资产价值核算等都极为重要。在当前的市场经济环境下，专利价值评估是一项值得充分重视的工作，专利价值及其分布可能说明其社会价值的生成（包括正向及负向社会价值）机制，因此专利价值的研究是更为基础性的研究；同时，不同国家的专利制度框架、不同产业和技术领域、不同竞争力实现战略的企业群等多种因素又有可能对特定企业群的专利价值行为施加重要影响，因此，企业价值的研究对理解和分析企业层面的技术战略行为及新兴技术发展有十分重要的理论和现实意义。

国际上有关专利价值的研究工作倾向于纳入专利文本相关信息，表现出专利申请和注册文本信息在专利价值评估中的重要作用，实际上其中已经包含了专利权人的私有价值预期。例如，德国专利情报领域的资深学者 Ernst（2003）强调，专利的价值反映专利的质量，并在专利引用信息之外提出了三个测度为主要参考（对特定企业组织的专利而言），即专利授权占专利申请的比例、专利的国际跨度（专利家族）、专利的技术宽度。其中，专利授权率更多地反映的是该企业的研发质量，而不是已授权的专利质量，专利家族和专利的技术宽度则更多地属于专利权人申请和注册专利的私有行为。Lanjouw 和 Schankerman（1999）专利价值评估模型也是将引用信息［如引用他人次数（backward citation）和被引次数（forward citation）］这类表现外部社会价值的信息与专利权人的私有行为相联系，如将同族专利数（patent family）、专利权利项（numbers of claims）作为专利价值的评价指标。

我国学者高山行（2002）应用专利价值模型，以专利存续期信息对我国的专利价值进行考察，并将我国的数据结果与欧盟国家的专利权价值进行比较，实际上也是在将专利权人的个体行为（即企业专利维持费用的决策行为）作为专利质量的重要表征。鉴于基于专利存续期的专利价值测度方法能够直接给出专利的货币价值，从而对市场交易中的专利权定价起到更直接的指导作用，本书将重点对基于专利存续期的专利价值计算方法进行说明。

Pakes 和 Schankerman（1984）最早利用专利存续信息数据开发价值判断模型，将专利存续期信息作为专利权人对其专利私有价值的判断依据，其后包括 Schankerman 和 Pakes（1986）、Pakes（1986）、Sullivan（1994）、Schankerman（1998）、Lanjouw（1998）、Donoghue 等（1998）、Cornelli 和 Schankerman（1999）、Deng（2007）、Grönqvist（2009）等，都通过考察专利权人支付专利年费的行为来对专利价值进行估计，其价值评测模型的基本思路都是从企业的利润最大化原理出发，将企业从专利中获取的价值与维持专利权的成本相比较，并考虑专利技术的折旧等因素，根据专利存续期长度及缴纳的年费数额计算专利价值。

现有研究也力图验证这样的价值分析与外在专利价值因素的契合程度。例如，通过将此类专利权的私有价值分析结果与专利的引用数据（即专利的社会价值）进行比较后发现（Harhoff et al.，1999；Lanjouw，Schankerman，1999），具有较长存续期的专利被引次数也较高；Harhoff等（2003b）还利用问卷调研将企业对专利的评价同专利价值进行对照，Hall等（2005）和Bessen（2009）则将公司市场价值同专利价值进行对比。

在Schankerman和Pakes（1986）提出的专利收益模型的基础上，Bessen（2008）和Gronqvist（2009）对上述典型方面的研究进行了综合，在计算专利货币价值的同时考虑了专利及专利权人特征（国别、技术领域、时间）与专利私有价值的相关关系。与以往研究主要针对欧盟专利数据相对，Bessen应用对数正态分布对美国专利存续数据做了研究；他认为针对专利存续期价值模型的统计分布特点的研究具有重要的价值标示意义。根据他的研究，以1991年为截止期的美国专利存续期为基础的专利价值平均每项为7.8万美元，中位数（反映那些未能直达专利法法律截止期的专利价值）为0.7万美元，同时，上市公司制造业企业组的专利平均价值则达到11.3万美元，中位数则为1.8万美元。其研究揭示了不同影响因素的作用，丰富了专利存续期研究理论和方法，同时具有货币价值的专利评估可比性强，便于开展国际比较研究。

专利权人在专利权有效期内获取收益，如果专利权人预期从专利中获取的收益不足以支付专利费用，则一般会停止支付年费，专利权即终止，因此专利权人延续专利权的行为一般反映了对专利未来收益的理性判断。

一、专利价值理论模型

设 $R_i(t)$ 为专利 i 在 t 时刻产生的收益。许多学者如Bessen（2008）、

Maurseth（2005）等都假设 $R_i(t)$ 以恒定的速率 d 下降，即 $R_i(t)=R_i(0)e^{-dt}$。收益 $R_i(t)$ 递减的原因一方面在于技术的更新换代使得原有技术逐渐贬值，另一方面也可能是竞争者发明了专利的替代技术（Bessen，2008；Pakes，1986）。关于专利初始收益 $R_i(0)$ 的性质，一般假设其为服从某一固定分布的随机变量（Schankerman，1998；Schankerman，Pakes，1986；Harhoff et al.，2003a，2003b；Pakes，Schankerman，1984；Lanjouw，Schankerman，2004）。由于专利的初始收益在很大程度上取决于其存续期，即存续期较长的专利有较高的初始收益，许多学者假设专利初始收益同专利存续期拥有相同的概率分布（Pakes，Schankerman，1984；Lanjouw，Schankerman，2004；Schankerman，1986，1998）。由于对数正态分布对专利的存续期分布拟合效果最好，许多学者假设初始收益也服从对数正态分布，即 $\ln R_i(0) \sim N(\mu, \sigma^2)$，因此我们不妨设

$$\ln R_i(0) = \mu + \varepsilon_i \qquad (12-1)$$

其中，随机变量 ε_i 服从均值为零，方差为 σ^2 的正态分布。这时的未知参数为 d、σ 和 μ。与上述设定稍有不同，Bessen（2008）则考虑了专利的个体异质性对专利初始收益的影响，他在计算专利价值时将 μ 设定为专利个体特征向量的线性函数，即 $\ln R_i(0) \sim N(X\beta, \sigma^2)$。笔者则沿用了大多数学者通常的做法，设定 μ 为单一待估计参数，而在计算出专利价值后，笔者将考虑专利的个体异质性特征对专利价值的影响。这样做的好处之一是能够极大地缩减运算量，且识别的结果与 Bessen 提出的模型下的识别结果没有太大差异。

时刻 t 到 $t+1$ 之间专利收益的净现值为

$$\int_t^{t+1} R_i(\tau) e^{-s(\tau-t)} d\tau = R_i(0) z_t \qquad (12-2)$$

其中 $z_t = e^{-dt}\dfrac{1-e^{-(d+s)}}{d+s}$，$s$ 为折现率，一般取 $s=0.1$。则专利权人在时刻 t 选择继续付费的充要条件为

即
$$R_i(0) \geqslant c_t/z_t$$

$$\varepsilon_i \geqslant \ln(c_t/z_t) - \mu \qquad (12-3)$$

若专利权人选择在 t 时刻终止付费，则其在 $t-1$ 时刻的收益应当大于或等于专利年费，而在 t 时刻的收益应当小于专利年费，其数学表述如下

$$c_{t-1}/z_{t-1} < R_i(0) < c_t/z_t$$

即

$$\ln(c_{t-1}/z_{t-1}) - \mu < \varepsilon_i < \ln(c_t/z_t) - \mu \qquad (12-4)$$

其中，c_t 是在时刻 t 需要缴纳的年费。

由上述分析可知，专利权人在 t 时刻选择继续付费的概率为

$$\begin{aligned}\Pr(T_i > t) &= \Pr[\varepsilon_i \geqslant \ln(c_t/z_t) - \mu] \\ &= 1 - \Phi\left(\frac{\ln(c_t/z_t) - \mu}{\sigma}\right)\end{aligned} \qquad (12-5)$$

在 t 时刻终止付费的概率为

$$\begin{aligned}\Pr(T_i = t) &= \Pr[\ln(c_{t-1}/z_{t-1}) - \mu < \varepsilon_i < \ln(c_t/z_t) - \mu] \\ &= \Phi\left(\frac{\ln(c_t/z_t) - \mu}{\sigma}\right) - \Phi\left(\frac{\ln(c_{t-1}/z_{t-1}) - \mu}{\sigma}\right)\end{aligned} \qquad (12-6)$$

专利权有效期届满的概率为

$$\begin{aligned}\Pr(T_i = t_{\text{full}}) &= \Pr\left[\varepsilon_i \geqslant \ln(c_{t_{\text{full}}}/z_{t_{\text{full}}}) - \mu\right] \\ &= 1 - \Phi\left(\frac{\ln(c_{t_{\text{full}}}/z_{t_{\text{full}}}) - \mu}{\sigma}\right)\end{aligned} \qquad (12-7)$$

其中，$\Phi(\cdot)$ 为累积标准正态分布函数，t_{full} 是专利权有效期届满时刻，z_t 的表达式由式（12-2）给出。包含专利权未终止数据的专利存续期模型应当包括以下三种情况：

（1）t 时刻为过去的某一时刻，专利权在 t 时刻终止。

（2）t 时刻为观测期终止的时刻，但专利权在 t 时刻未终止，计量经济学中又称其为"删失"（censor）。

（3）t 时刻为专利权有效期届满的时刻，即 $t = t_{\text{full}}$。

上述模型主要参考了 Bessen（2008）及一些其他学者的研究。从数据和模型本身看，当前关于专利价值的研究关注的主要是存续期已终止的专利，因此其似然函数中仅包含第一种和第三种情况（可参考 Bessen，2008）。而另一些研究则对存续期终止和未终止的专利都予以了关注[①]。然而，这些研究并未直接计算专利价值，而是关注了专利存续期的决定因素，如专利被引次数（van Zeebroeck，2007；Maurseth，2005；Nakata，Zhang，2009）、专利的商业化模式[②]、专利权人的研发规模及类型[③]等。

van Zeebroeck 等的研究对专利价值研究应当会有所启发，即在计算专利价值时应当考虑存续期未终止的专利，以充分使用专利样本信息。中国的专利制度成立仅有 20 多年时间，远远短于美国和其他发达国家，因此大部分授权专利的存续期未终止。本书用到的专利数据中有接近 80% 的专利存续期未终止。若将其从样本中删去，势必会损失大量信息，这可能会影响专利价值估计结果的准确性。而且当删失不是随机发生的，而是满足一定条件的专利数据删失时（譬如专利存续期大于 10 年的专利删失），将删失观测从样本中删除会导致识别结果存在偏误。

因此，本书又对传统专利存续期模型进行了扩展，考虑了专利权未终止的专利数据，这时的似然函数包含了上述三种情况，即

$$L_i = \left\{ [\Pr(T_i = t_{\text{full}})]^{\delta_i} [\Pr(T_i = t)]^{1-\delta_i} \right\}^{\varphi_i} \left[\Pr(T_i > t) \right]^{1-\varphi_i} \qquad (12-8)$$

[①] van Zeebroeck（2007）、Maurseth（2005）和 Svensson R. 2007. Licensing or acquiring patents? Evidence from patent renewal data. EEA-ESEM Conference, Budapest, Hungary.

[②] Svensson R. 2007. Licensing or acquiring patents? Evidence from patent renewal data. EEA-ESEM Conference, Budapest, Hungary.

[③] van Zeebroeck（2007）、Nakata 和 Zhang（2009）和 Svensson R. 2007. Licensing or acquiring patents? Evidence from patent renewal data. EEA-ESEM Conference, Budapest, Hungary.

其中，$\Pr(T_i = t_{\text{full}})$、$\Pr(T_i = t)$ 和 $\Pr(T_i > t)$ 的表达式分别由式（12-5）、式（12-6）和式（12-7）给出；δ_i 和 φ_i 是示性函数。

$$\delta_i = \begin{cases} 1 & \text{若专利 } i \text{ 因有效期届满而终止} \\ 0 & \text{否则} \end{cases}$$

$$\varphi_i = \begin{cases} 1 & \text{若专利 } i \text{ 的专利权终止} \\ 0 & \text{否则} \end{cases}$$

很明显，包含了两个示性函数的式（12-8）可以完全概括专利权的上述三种状态。将包含 n 个类似于式（12-8）的似然函数连乘即可得到笔者最终进行识别时要使用的似然函数。

$$L = \prod_{i=1}^{n} L_i \qquad （12-9）$$

其中，L_i 由式（12-8）给出。综合式（12-2）和式（12-5）～式（12-7）分析可知，似然函数式（12-9）中共包含三部分未知参数：收益递减率 d、随机变量 ε_i 的标准误 σ 和均值 μ。本书关于参数 d、σ 和 μ 最大化 L。由于似然函数形式较为复杂且样本容量较大，本书采取如下步骤进行识别。

（1）随机选取 d、σ 的值，其中 d 的取值区间是 $[0, 1]$，σ 的取值区间为 $[0, +\infty)$；

（2）用公式（12-2）计算得到 z_t；

（3）将 z_t 代入 $\Pr(T_i = t_{\text{full}})$、$\Pr(T_i = t)$ 和 $\Pr(T_i > t)$ 的表达式式（12-5）～式（12-7）中，接着将式（12-5）～式（12-7）代入式（12-8），再将式（12-8）代入式（12-9）得到最终仅包含未知参数 μ 的似然函数 L；

（4）使用 Stata 软件关于 μ 最大化似然函数 L 得到似然值 $\hat{L}$；

（5）重复步骤（1）～（4）直到找到最大似然值 $\hat{L}_{\max}$，这时的 d、σ 和 μ 的估计量 $\hat{d}$、$\hat{\sigma}$ 和 $\hat{\mu}$ 即为真实的估计值；

（6）计算 $\hat{d}$、$\hat{\sigma}$ 和 $\hat{\mu}$ 的稳健方差并对参数的显著性进行判断。

得到估计量 $\hat{d}$、$\hat{\sigma}$ 和 $\hat{\mu}$ 后，将 $\hat{d}$ 代入式（12-2）计算可得 z_t。然后便

可着手计算专利的收益及专利价值。

二、计算存续期终止的专利的总价值

为了计算专利价值，首先需要计算专利在其有效期内产生的收益。在 t 时刻失效专利的初始收益应当满足

$$\ln(c_{t-1}/z_{t-1}) \leqslant \ln R_i(0) \leqslant \ln(c_t/z_t) \qquad (12-10)$$

随机成分 ε_i 的取值应当使初始收益 $R_i(0)$ 满足上述条件，即

$$\ln(c_{t-1}/z_{t-1}) - \mu \leqslant \varepsilon_i \leqslant \ln(c_t/z_t) - \mu$$

满足上述条件的 ε_i 的条件期望为

$$E\left[\varepsilon_i | \ln(c_{t-1}/z_{t-1}) - \mu \leqslant \varepsilon_i \leqslant \ln(c_t/z_t) - \mu\right] = \rho_i \int_{\ln(c_{t-1}/z_{t-1})-\mu}^{\ln(c_t/z_t)-\mu} \left(\frac{\varepsilon}{\sigma}\right) \phi\left(\frac{\varepsilon}{\sigma}\right) d\varepsilon$$

$$(12-11)$$

其中，$\rho_i = 1 / \left[\Phi\left(\frac{\ln(c_t/z_t) - \mu}{\sigma}\right) - \Phi\left(\frac{\ln(c_{t-1}/z_{t-1}) - \mu}{\sigma}\right)\right]$，$\Phi(\cdot)$ 是标准正态密度函数。将估计值 $\hat{\alpha}$、$\hat{\sigma}$ 和 $\hat{\beta}$ 代入式（12-11）可得 ε_i 的条件期望。因此，满足条件式（12-10）的初始收益 $R_i(0)$ 的估计量为

$$R_i(0) = \exp\left\{\mu + E\left[\varepsilon_i | \ln(c_{t-1}/z_{t-1}) - \mu \leqslant \varepsilon_i \leqslant \ln(c_t/z_t) - \mu\right]\right\}$$

将式（12-11）代入上式即可得初始收益 $R_i(0)$ 的估计量，由 $R_i(t) = R_i(0) e^{-dt}$ 可得 t 时刻收益 $R_i(t)$ 的估计量。在时刻 t_i 失效的专利 i 的总价值为其总收益与总专利年费之差的净现值，即

$$V_i = \int_0^{t_i} R_i(\tau) e^{-s\tau} d\tau - \sum_{t=0}^{t_i-1} c_t e^{-st} \qquad (12-12)$$

尽管从专利存续期视角入手为计算专利的货币价值提供了一个可行的方法，但是，该方法也有着相当程度的缺陷：①当两项专利拥有相同长度的存续期的时候，利用该方法计算出来的两个专利的价值相等。但是，专利对于不同类型专利权人的价值含义显然不一样，譬如，高技术企业持有

专利权可能是因为真正能从专利技术许可和转让中获得直接收益，而有的企业是为了给自身提供技术保护，并不能从专利中直接获取收益，这两种情况下的专利价值一般是难以进行比较的。我们也不提倡用这种方法计算出来的结果去衡量某一项专利的价值，因为在单独考察某一项专利的价值的时候偏差往往非常大，我们更倾向于以企业的全部专利作为研究对象，考察企业总的或是平均的专利价值。②仅以专利存续期衡量专利的价值忽略了许多其他重要的信息，譬如专利的被引情况、同族专利申请情况，以及专利权人对专利价值的主观判断等。因此，该方法只是计算专利价值的参考方法之一，要科学、准确地对专利权进行定价，尚需要综合考虑其他各种影响因素，同时还要参考其他有关专利价值评估方法的计算结果。

第十三章

启示与建议

进入21世纪以来,高新技术的迅猛发展在为我国现代经济社会带来日新月异的变化的同时,也在改变着我国传统的企业经营模式。拥有足够的高技术含量的知识产权已经成为建设创新型国家,提升经济实力、科技实力,乃至综合国力的重大战略举措。在我国当前知识产权发展的档口,无论是企业还是政府部门,都有许多地方需要改进,下文分别从企业和政府视角,就当前形势下的专利活动与知识产权行为提出一些政策建议。

第一节 对我国企业经营活动的一些建议

我国企业在历经了几十年的快速发展时期后,已经进入了创新驱动发展阶段,依靠大规模固定资产投资、廉价劳动力的发展阶段已经过去。国内企业在面对跨国公司频繁不断的专利侵权诉讼骚扰时,应该沉着冷静,不可急躁冒进,更不可消极应对。总体看,企业需要从以下几个方面改善自身的经营活动。

第一,要努力提升企业自身的技术创新能力,要有充分地依靠技术创新带动企业长远发展的意识。从根本上讲，专利只不过是企业间进行创新能力比拼的工具，专利背后所依托的是企业的技术创新能力。企业只有拥有一定的技术创新能力，才能够去申请高质量的专利，才能够运用好专利这项武器，因此企业应该不断提升自身的技术创新能力，不断汲取国际上的前沿技术并进行持续改进。目前，我国多数企业从事的是简单的加工生产，对国际前沿技术动态的关注度明显不足。企业应该扭转当前的经营理念，多参加高科技产品展会，向其他高技术企业不断学习。此外，应该在日常的生产过程中多积累生产经验，将这些生产经验汇总整理后不断传承下去，最终实现生产技术的改进与突破，并达到专利申请的标准。与此同时，企业应该不断完善内部的创新激励机制，有效地激发企业员工的创新潜能，建立完善的员工创新激励制度，给真正做出技术改进的员工以精神与物质奖励，同时鼓励员工申请专利。只有这样，才能有实质性的技术资本以支持企业有效利用专利工具。

第二，在专利申请与维护知识产权方面要投入足够的资金。企业不仅要加大研发投入，而且由于涉及专利申请与专利诉讼的工作也需要大量投入，因此企业不应该在这方面的工作上吝惜资源。例如，当面对来自海外的专利诉讼时，许多企业选择了默默忍受，而不是聘请海外律师积极应诉。这与多数国内企业缺乏国际化战略的眼光，不了解应该如何应对国际专利诉讼有关，但更主要的原因是，它们不愿在海外专利诉讼上投入太多。事实上，积极应诉与不积极应诉的结果差别是很大的，这一点已经被许多海内外现实的诉讼案例所证实。

第三，积极培养和建立专利管理人才队伍。企业应该在其部门组织结构当中，增加专门的知识产权管理部门，负责所属技术领域专利信息的检索、收集和分析，专利申请，专利侵权应诉等知识产权工作，并定期将知识产权相关工作的情况反馈给企业的决策层。目前，诸如富士康、华为等国内企业巨头都有自己专门的知识产权管理部门。海外跨国公司，如美国的 IBM 公司的专利工程师更是高达 500 多人，微软更是有将近 5000 名员工从事知识产权工作（胡立新，2008）。相比之下，我国多数企业未能建立有效的知识产权管理部门，也未能以科学的态度对待知识产权管理工作。由于企业的经营活动一般存在很大程度的惯性，短期内让企业扭转认识是相当困难的。为了更加顺利地建立知识产权管理部门，企业应该更多地从外部招聘人员并组建具有革新意识的管理团队，这是企业克服自身原有经营模式的有效方式。一个在企业工作多年的领导者往往会形成固定的管理意识，并过多地受到现有利益因素的束缚。

第四，结合企业生产的产品所属的技术领域建立全面的专利预警机制，以帮助企业对市场环境变化及时做出反应。企业通过收集、整理和分析所属技术领域的专利信息，可以获得国内外市场的信息，从而对可能发生的重大专利侵权事件及其可能产生的危险后果进行预判。专利文本中包含了大量的最新科技成果与科技动向的信息，通过对专利信息进行追踪，可以对专利技术的分布现状、竞争对手的技术水平以及相关科技领域未来可能的发展趋势进行判断，这有助于企业避免因为错误地估计未来技术发展的形势造成的损失。为了建立全面的专利预警功能，企业需要定期对美国、日本、欧盟、中国等国家和地区的专利进行实时检索，并引入先进的专利分析工具对相关专利进行精确分析，科学地绘制专利地图，掌握跨国公司的技术动向，并从专利大数据中挖掘到有价值的技术信息。

第五，及时在互联网及其他传播媒体上检索并收集与发达国家的跨国公司有关的专利行为，从中总结经验，并得出跨国公司专利战略的一般规律。跨国公司的许多不经意的专利行为往往蕴含着丰富的专利战略含义，许多跨国公司的专利行为有一定的相似性，譬如多数跨国公司在提出专利申请后并不急于获取专利权等。总结跨国公司的专利战略，对国内企业的专利行为具有一定的指导意义，让国内企业的专利行为不再盲目而无序。国内企业应该根据跨国公司的专利战略，结合国内宏观经济环境的一些特殊情况，制定长远的专利战略，以服务于其通过技术创新实现驱动发展的新的发展模式。

第二节 对我国政府部门的一些建议

目前我国对专利权的保护是有完善的立法支持的。《中华人民共和国专利法》历经多次修改，知识产权法律框架已基本成型。但是，我国在知识产权的保护工作方面，尤其是在依据《中华人民共和国专利法》对专利侵权行为进行执法时，仍存在执行不利、地方保护等诸多问题。不仅如此，我国政府部门目前对专利技术所反映的宏观技术发展形势的分析也不够到位。加之我们对专利制度的认识水平还比较低，对专利技术的研究相对滞后，所以，我国的国家专利战略还处于不成熟、不完备的状态，国家利用技术进步带动全民经济社会发展的后发优势还远远没有发挥出来（王玉莉，刘奕洲，2012）。综合上述问题，本书针对政府部门提出以下政策建议，以期能够据此改善政府部门的知识产权相关工作。

第一，进一步完善我国的知识产权法律体系和法律环境。尽管《中华人民共和国专利法》历经数次修改，与国际现行知识产权保护制度的接轨程度越来越高，但从总体来看，该法对于专利侵权的惩罚力度始终不够强。有关专利侵权惩罚力度的确定，目前国内仍有许多争论。有人认为，目前中国企业普遍存在专利侵权行为，惩罚力度过高可能会导致打击面过宽。但正是由于有这样的顾虑，国内企业的知识产权侵权行为才屡见不鲜，这不仅打击了海外跨国公司，而且对国内有创新精神的企业也是有百害而无一利。在倡导"创新驱动型发展"的今天，从立法层面进一步加强对专利侵权行为的惩罚力度，是当前我国政府部门知识产权工作的重中之重。同时，要积极考虑互联网等新兴技术形式，增加对商业方法类专利的认定，在商业方法类专利保护的立法、行政管理方面予以相应的政策配套，以进一步完善对商业方法类专利的保护。

第二，政府应加大知识产权宣传教育的力度，增加国人的知识产权意识,营造有利于技术创新的社会氛围。知识产权制度的有效推行,最根本的还是要依靠国民知识产权意识的整体提升。因为当专利侵权行为广泛存在时,专利制度是不可能对全体国民进行惩罚的。由于中国经济发展一贯不注重知识产权保护的惯性,要在短时期内改变当前这种境况是非常困难的。这就需要政府部门加大知识产权宣传教育,在大学教育中增加知识产权相关课程的权重,在政府部门组织的企业培训中增加知识产权保护相关内容的课程,在世界知识产权日等开展更为广泛的知识产权宣传活动。

第三,广泛协调全国各地区的地方政府,加强专利侵权的跨地区执法。由于在中国存在地方保护主义盛行,专利侵权的跨地区执法在有些地方存在诸多困难。因而,政府应该改进官员的政绩考核评价体系,严肃追查知识产权侵权严重的地区的官员的责任。2017年1月的天津调料制假售假案中对不作为的地方官员追责彰显了我国加强跨地区执法的力度。但是,这些制假售假商贩在天津已经存在了十余年的时间,这说明地方官员消极应对知识产权侵权执法的程度仍然非常高。

第四,知识产权部门应增加专业的专利分析人员,加强对专利技术的分析工作,并将分析结果实时公布。由于国内较少有企业愿意,或是有经济能力从事专利分析工作,政府部门应该代替企业进行一些基础性的专利分析工作。同时,积极汲取和学习海外先进的专利分析方法,并将其引入专利分析工作当中。国家知识产权局还可以通过成立知识产权中介组织来组织各类针对企业的专利分析培训班,传播各类先进的专利检索和分析方法,以提高企业自身开展专利分析的能力。

第五,提高专利授权的门槛,过滤掉大量低质量乃至无效的专利申请。把专利权授权给低质量的专利不仅是对资源的浪费,而且增加了社会运行成本。许多专利被授权后不久专利权人即不再继续缴纳专利年费,这使得专利制度背离了保护原创性发明创造的初衷,为许多非原创性的发明创造提供了保护,无形中为许多非知识产权用途的专利申请提供了便利。为了获得政府部门的各种技术认证,我国许多企业利用尚不成熟、原创性较低的技术去申请专利，甚至用一项相似的技术去申请多项专利。针对这些问题，我国的专利审查部门应该提高专利审查标准，尽可能剔除掉低质量的专利申请。

第六，正视海外跨国公司对中国企业的知识产权诉讼问题。目前，跨国公司针对中国的专利侵权问题不仅在国外对中国形成了围攻之势，更在中国国内对本土企业发起了攻势。目前，我国对知识产权制度的执行并不到位，这也是为了保护国内技术创新能力水平有限的企业。但是，一味地溺爱和保护国内企业并不能提高国内企业的技术创新能力，因此，我国的政府部门切实需要营造一个相对开放和公平的市场环境，让海外跨国公司和国内本土企业在这个环境中同台竞争。改善知识产权执法，无疑会迎来越来越多的来自海外跨国公司的专利纠纷，但这或许也可以迫使中国本土企业开始认真思考自己未来的发展之路。

回顾与总结

本篇结合外国企业经营过程中所遭受的知识产权诉讼，以及如何利用自身保有的海量专利在市场中牟取利益，对当前国际上通用的专利战略进行了总结回顾。虽然一些外国公司利用其持有的专利对许多大型跨国公司追索专利权并不能被称为专利战略，但不可否认的是，许多企业正在巧妙地利用专利制度为自己牟得大量经济利益。尽管这些所谓的"专利流氓"在中国当前的专利制度下难有施展的空间。但随着中国日益走向国际化，专利制度日趋完善，对知识产权保护的力度也不断增加。但可以预见的是，在不远的将来会有不少的中国企业为专利诉讼所侵扰。随着国内企业技术创新能力的不断上升，拥有较强的专利战略意识已经成为未来国际产业竞争中取得竞争优势的必备条件之一。

本篇以丰富的案例重点讲述了几种常见的滥用专利权的行为，如企业合谋保护失效专利、推迟新产品上市、反向专利授权模式、事前隐瞒关键技术信息、事后追索行使专利权的行为等。尽管本篇中提到的大部分滥用专利权的流氓行为最终在法院的裁决中以败诉收场，但跨国公司过去曾经巧妙布置的专利陷阱仍然为许多缺乏知识产权意识的国内企业敲响了警钟。本篇还利用中国的古成语将跨国公司针对中国企业所采取的专利战略概括为五个方面：①明修栈道，暗度陈仓；②抓大放小，区别对待；③暗箱操作，长辔远驭；④表里不一，貌合神离；⑤四面出击，围追堵截。这些专利战略给国内企业的经营带来了许多困难,但追究其根源,基本都是由中国企业的知识产权意识淡薄,缺乏足够数量的专利用以自我保护造成的。国内企业在面对跨国公司不断的专利侵袭的时候,应该充分想好应对之策。其中,持有足够有技术含量的专利,提升自身的创新能力,并充分分析和掌握竞争对手的专利信息是很有必要而且非常重要的。本篇还阐述了与专利丛林和专利联盟有关的部分内容,在茂密的专利丛林当中,企业要想在技术方面有所突破是极为困难的事情。当一个产业中近乎所有的相关技术都被申请了专利时,企业所能做的只是同掌握专利的这些企业一一谈判,技术革新者往往再难有动力去开展研发活动。

本篇介绍了一些新兴技术突破现有产业专利丛林的方法,即开放所有新兴技术的专利,让有意进入该技术领域的企业免费使用其专利,以期通过众推之力实现新兴技术的产业化与规模化。本篇还对互联网经济时代广泛兴起的商业方法类专利进行了阐述,商业方法类专利是保证互联网经济实现良性、健康发展的一种可选的制度性保障。但是就目前看,我国对商业方法类专利的审查仍然极为保守。本篇最后介绍了几种常用的专利分析方法,包括常用的专利检索方法和国内外专利检索网站,标准必要专利核心专利与外围专利的识别方法,如专家访谈法、基于专利分类号分析的布拉德福定律分析法、专利引文分析法、同族专利数量和权利要求项数量分析法等,综合利用这些分析方法能够有效识别出专利当中的核心专利与非核心专利。本篇还介绍了基于专利存续期,即自专利申请到专利权终止的时间长度的专利价值计算模型,该模型基于专利权人对于其专利权持有的成本和所能获得的市场收益的理性判断来计算专利的市场价值,能够比较客观地计算出专利权人所持有的专利的市场价值。该计算结果对于企业的知识产权价值评估、无形资产价值核算具有一定的指导意义,并能够帮助确定企业之间、企业与个人之间,以及企业与高等院校和科研院所之间专利技术交易的价格。

针对上述专利战略的相关内容,本篇在最后结合当前中国专利保护的实际情况，同时考虑到中国当前的技术创新能力，分别为企业和政府提出了与知识产权相关的建议。针对企业的政策建议包括：①要努力提升企业自身的技术创新能力，要有充分地依靠技术创新带动企业长远发展的意识。②在专利申请与维护知识产权方面要投入足够的资金。③积极培养和建立专利管理人才队伍。④结合企业生产的产品所属的技术领域建立全面的专利预警机制，以帮助企业对市场环境变化及时做出反应。⑤及时在互联网及其他传播媒体上检索并收集与发达国家的跨国公司有关的专利行为，从中总结经验，并得出跨国公司专利战略的一般规律。针对政府部门的政策建议包括：①进一步完善我国的知识产权法律体系和法律环境。②政府应加大知识产权宣传教育的力度，增加国人的知识产权意识，营造有利于技术创新的社会氛围。③广泛协调全国各地区的地方政府，加强专利侵权的跨地区执法。④知识产权部门应增加专业的专利分析人员，加强对专利技术的分析工作，并将分析结果实时公布。⑤提高专利授权的门槛，过滤掉大量低质量乃至无效的专利申请。⑥正视海外跨国公司对中国企业的知识产权诉讼问题。

参考文献

曹交凤. 2010. 第一次工业革命结束前英国的专利制度. 学理论,（11）：66-67.

曹雷. 2010. 充分自主型经济发展方式及其根本动力. 海派经济学, 32（4）: 96-116.

仇勇. 2004. 专利之争：企业归企业，政府归政府. 电子知识产权,（1）：64.

董耿, 唐霖. 2001. 美国有关药品法律的历史. 中国药业,（11）：14-16.

范明, 朱振宇. 2007. 我国银行专利战略实施对策. 现代金融,（8）：5-6.

冯晓青. 2001. 企业专利战略若干问题研究. 南京社会科学,（1）：53-58.

冯晓青. 2007. 企业防御型专利战略研究. 河南大学学报（社会科学版）,（5）: 33-39.

高山行, 郭洪涛. 2002. 中国专利权质量估计及分析. 管理工程学报, 16（3）: 66-68.

胡立新. 2008-11-27. 企业知识产权意识如何薄弱. 中国质量报, 第4版.

胡素雅. 2014. 专利陷阱的定量识别方法研究. 大连理工大学硕士学位论文.

霍宏, 白耀正, 李大庆. 2005. 从专利之争到标准之争的启示. 财会月刊,（10）: 71-72.

柯冬英, 俞静尧. 2005. 网络商业方法类专利保护研究. 首都师范大学学报（社会科学版）,（2）：35-41.

赖院根, 朱东华, 胡望斌. 2007. 基于专利情报分析的高技术企业专利战略构建. 科研管理,（5）：156-162.

梁晓亮. 2010-03-31. 构建"专利池"促进国产数字视听产业发展. 经济日报, 14.

梁正，朱雪忠．2007．跨国公司在华专利战略的运用及启示．中国软科学，（1）：55-61．

刘林青，谭力文，赵浩兴．2006．专利丛林、专利组合和专利联盟—从专利战略到专利群战略．研究与发展管理，（4）：83-89．

陆阳，史文学．2008．长三角批判．北京：中国社会科学出版社．

栾春娟．2008．专利文献计量分析与专利发展模式研究—以数字信息传输技术为例．大连：大连理工大学．

罗静．2008．技术标准制定过程中的信息披露行为及法律规制—以竞争法为视角．财经理论与实践，（5）：121-124．

马万志，郑雪青．2009．兼并浪潮下民族品牌的生存与发展．重庆工学院学报（社会科学版），10：50-52．

马永涛，张旭，傅俊英，等．2014．核心专利及其识别方法综述．情报杂志，（5）：38-43，70．

毛昊，孙莹，刘洋．2009．韩资企业专利行为与其跨国母体专利战略问题研究—以韩国LG在华所属乐金公司为例．科学学研究，（4）：554-562．

梅新育．2008．我们该如何支持民族品牌成长．新理财，（10）：8．

那英．2010．技术标准中的必要专利研究．知识产权，（6）：41-45．

乔楠，鲁义轩，张南．2008．TD-SCDMA正传．http：//tech.qq.com/a/20080703/000382.htm [2008-07-03]．

任声策，宣国良．2007．技术标准中的企业专利战略：一个案例分析．科研管理，（1）：53-59．

谭增．2013．标准必要专利—专利中的战斗机．http：//www.chinaipmagazine.com/journal-show.asp?id=1833 [2013-11-1]．

唐晓帆．2005．欧盟药品补充保护证书（SPC）制度简介．电子知识产权，（10）：42-45．

王红茹，孙冰．2008．相信中国制造．中国经济周刊，（4）：6．

王婷．2012．中国服务创新中商业方法类专利的应用现状与前景预测．中国科技论坛，（6）：16-23．

王先林．2001．知识产权与反垄断法．北京：法律出版社．

王玉莉，刘奕洲．2012．国家专利战略实施中的问题与对策．中国经贸导刊，31：64-66．

卫晓 .2012-10-20. 思科与华为十年战争 . 经济观察报，3.

吴太轩 . 2013. 技术标准化中的专利权滥用及其反垄断法规制 . 法学论坛，（1）：129-135.

杨眉，李萌，胡雪琴 . 2008. "微软黑屏"引发信息安全恐慌症，金山与微软20年之争浮上水面 . https：//news.qq.com/a/20081124/001741.htm [2008-11-24].

原松华 . 2005. 缺乏专利扼住了企业发展的咽喉 . 中国投资，（9）：30-33.

张传杰，漆苏 . 2010. 跨国公司专利战略、市场竞争与我国企业创新效益 . 情报杂志，（S1）：10-12，21.

张古鹏，陈向东 . 2012a. 基于专利存续期的企业和研究机构专利价值比较研究 . 经济学（季刊），11（4）：1403-1426.

张古鹏，陈向东 . 2012b. 基于专利条件寿命期的中外企业专利战略比较研究 . 中国软科学，（3）：1-11.

张鹏，刘平，唐田田，等 . 2010. 布拉德福定律在专利分析系统中的应用 . 现代图书情报技术，（Z1）：84-87.

张瑜，蒙大斌 . 2015. 外国在华专利战略的变化及应对 . 经济纵横，（2）：95-99.

张玉敏，谢渊 . 2014. 美国商业方法类专利审查的去标准化及对我国的启示 . 知识产权，（6）：74-84.

仲新亮 . 2006. 英国专利制度催生工业革命 . 知识与创新（综合版），（7）：29-30.

周莳文，陶冶 . 2013. 我国跨区域专利行政执法协作的问题及对策 . 法制与社会，（14）：158-159，177.

Bessen J. 2008. The value of U.S. patents by owner and patent characteristics. Research Policy, 37（5）：932-945.

Bessen J. 2009. Estimates of patent rents from firm market value. Research Policy, 38（10）：1604-1616.

Bessen J. 2015. Learning by Doing：The Real Connection Between Innovation, Wages, and Wealth. New Haven：Yale University Press.

Christensen C M, Overdorf M. 2000. Meeting the challenge of disruptive change. Harvard Business Review, 78（2）：66-76.

Cornelli F, Schankerman M. 1999. Patent renewals and R&D Incentives. The RAND Journal of Economics, 30（2）：197-213.

Day G S, Schoemaker P J H. 2005. Scanning the periphery. Harvard Business

Review, 78 (2): 66-76.

Deng Y. 2007. Private value of European patents. European Economic Review, 51: 1785-1812.

Donoghue T O, Scotchmer S, Thisse J F. 1998. Patent breadth, patent life, and the pace of technological progress. Journal of Economics and Management Strategy, 7 (1): 1-32.

Ernst H. 2003. Patent information for strategic technology management. World Patent Information, 25 (3): 233-242.

Gans J S, Hsu D H, Stern S. 2008. The impact of uncertain intellectual property rights on the market for ideas: evidence from patent grant delays. Management Science, 54 (5): 982–997.

Gray P H, Meister D B. 2006. Knowledge sourcing methods. Information Management, 43 (2): 142-156.

Grönqvist C. 2009. Empirical studies on the private value of Finnish patents. Bank of Finland Publications.

Guellec D, Pottelsberghe B. 2000. Applications, grants and the value of patent. Economic Letters, 69 (1): 109-114.

Hall B, Jaffe A, Trajtenberg M. 2005. Market value and patent citations. The RAND Journal of Economics, 36: 16-38.

Hall B, Ziedonis R. 2001. An empirical study of patenting in the U.S. semiconductor industry, 1979-1995. RAND Journal of Economics, 32 (1): 101-128.

Harhoff D, Narin F, Scherer F M, Vopel K. 1999. Citation frequency and the value of patented inventions. Review of Economics and Statistics, 81 (3): 511-515.

Harhoff D, Scherer F M, Vopel K. 2003a. Citations, family size, opposition and the value of patent rights. Research Policy, 32 (8): 1343-1363.

Harhoff D, Scherer F M, Vopel K. 2003b. Exploring the tail of patented invention value distributions//Ove G. Economics, law and intellectual property. Amsterdam: Kluwer Academic Publishers: 279-309.

Kiige C J. 1992. The ARIPO patent search, examination and documentation procedures. World Patent Information, 14 (1): 5-7.

Lanjouw J O, Schankerman M. 2004. Patent quality and research productivity:

measuring innovation with multiple indicators. Economic Journal, 114 (495): 441-465.

Lanjouw J O, Schankerman M. 2004. Patent quality and research productivity: measuring innovation with multiple indicators. Economic Journal, 114 (495): 441-465.

Lanjouw J O. 1998. Patent protection in the shadow of infringement: simulation estimations of patent value. Review of Economic Studies, 65 (4): 671-710.

Lanjouw JO, Schankerman M. 1999. Research Productivity and Patent Quality: Measurement with Multiple Indicators. CEPR Discussion Paper DP3623.

Maurseth P B. 2005. Lovely but dangerous: the impact of patent citations on patent renewal. Economics of Innovation and New Technology, 14: 351-374.

McGuinley C. 2008. Global patent warming. Intellectual Asset Magazine, 31: 24-30.

Nakata Y, Zhang X. 2012. A survival analysis of patent examination request in Japanese electrical and electronic manufacturers. Economics of Innovation and New Technology, 21 (1): 31-54.

Pakes A, Schankerman M. 1984. The rate of obsolescence of patents, research gestation lags, and the private rate of return to research resources//Griliches Z. R&D, Patents and Productivity. Chicago: University of Chicago Press.

Pakes A. 1986. Patents as options: some estimates of the value of holding European patent stocks. Econometrica, 54: 755-784.

Rivette K G, Kline D. 2000. Rembrandts in the Attic: Unlocking the Hidden Value of Patents. Boston: Harvard University Press.

Schankerman M, Pakes A. 1986. Estimates of the value of patent rights in the European countries during the post-1950 period. Economic Journal, 96: 1052-1076.

Schankerman M. 1998. How valuable is patent protection: estimates by technology fields. RAND Journal of Economics, 29 (1): 77-107.

Shanghai Patent Agency. 1989. Procedures in the Chinese patent office. Notes on what to do after an application for a patent for invention has passed the preliminary examination stage at the Chinese patent office. World Patent Information, 11 (2): 93-94.

Shen J. 1986. The successful beginning of publication of Chinese patent documents. World Patent Information, 8 (1): 8-19.

Steffek R. 1981. The rules concerning translations in the European patent grant procedure. World Patent Information, 3 (3): 139.

Sullivan R J. 1994. Estimates of the value of patent rights in Great Britain and Ireland, 1852-1876. Economica, 61: 37-58.

van Zeebroeck N. 2007. Patents only live twice: a patent survival analysis in Europe. CEB working paper.

Zeebroeck N. 2007. Patents only live twice: A patent survival analysis in Europe. CEB Working Paper.

Zhang G P, Lv X F, Zhou J H. 2014. Private value of patent right and patent infringement: an empirical study based on patent renewal data of China. China Economic Review, 28: 37-54.